東北コットンプロジェクト

綿と東北とわたしたちと

プロローグ

２０１３年11月、宮城県。東日本大震災から2年８ヶ月、被災した宮城県沿岸部でも農業再開が進み、稲刈りを終えた田んぼや収穫を待つ大豆畑があちこちにひろがっていた。

その一画で、あまりなじみのない作物、綿花も収穫を迎えていた。綿花、つまり洋服やタオルなどの素材となるコットンである。収穫を待つ綿の木は背丈が1メートルほど、葉は茶色く、木もほとんど枯れている。その綿木に硬い殻に覆われた実、コットンボールがいくつもついている。この実の中に種を包む房のような形で綿ができていて、乾燥が進むと実がはじけ、真っ白い綿がふわふわとふくらんでいく。よくはじけた綿は、するっと簡単に手で取れて、それはたしかによく知っている「綿」だ。それが木に実っていて、実の中から出てきて、洋服の原料になるなんて。収穫に訪れた人は、その不思議な植物におどろき、柔らかくあたたかい手触りに、自然とみんな顔がほころんでいる。

日本で生産消費されている綿は、そのほとんどを輸入に頼り、農作物としても認定されていない。その綿を宮城県で栽培しはじめたのは、東日本大震災の直後である。「綿は塩害に強い」という情報のもと、津波被害を受けて稲作ができなくなった農地に綿を植え、それを綿製品にして販売し、被災地の復興支援、雇用創出をめざす、という試みがおこなわれている。それが、「東北コットンプロジェクト」である。

震災後まもなく始まったこの活動はすでに4年目。栽培地も３ヶ所に増え、「東北のコットン」が少しずつ知られるようになってきた。

仙台市若林区荒浜。10メートルを超す津波が集落を襲い、建物はほぼすべて流され、200人あまりの命が奪われた地域である。かつてあった町並みが消え、がれきの山が並び、復旧工事のトラックだけが行き交う場所1・2ヘクタールに種をまき、栽培をはじめた。栽培のために生産組合が結成されたが、ほとんどがこの荒浜近辺で生まれ育ち、ほぼ身ひとつで避難して仮設住宅での生活が始まったばかりという面々である。農業を専従でおこなっていた人ばかりではなく、ましてや初めて育てる作物で、手探りでの試験栽培だった。プロジェクト参加企業も種まき、草取りに参加して、綿の成長を見守ってきた。雑草の猛威、大型台風による畑の冠水など、トラブルが次々おこり、最初の年に収穫できたのは、ごくわずか。それでも翌年には栽培面積を増やして本格的に農業再開の取組みを進め、3年目には独立採算をめざす農業生産法人が立ち上がった。荒涼としていた一帯には、周辺に田畑が増え、地元の人々はじめ各地からのボランティアなど、訪れる人も多くなった。気温が低く、海からの強い風が吹きつけるこの場所は、高温で乾燥を好む綿花には厳しい環境で、必ずしも順調というわけではない。3年目の綿の生育も、あまり芳しいものではなかったが、収穫祭にはたくさんの人が訪れた。ずっと荒浜を見続けてきた人、活動に興味を持つ人、綿そのものに惹かれる人。綿があることで、人が集まる場所になっていた。

同じく1年目から栽培を始めたのは、仙台空港のある名取市下増田の農業生産法人である。震災直後、津波が押し寄せた空港の映像に衝撃が走ったが、名取市一帯の被害は甚大だった。

農場は、800人近くが犠牲になった閖上《ゆりあげ》地区のすぐそばにある。大規模な法人で約76ヘクタールの稲作を手がけていたが、9割が津波を受け、農機具もほとんどが流された。「農家が米を作れない」状況に悶々としていたとき、プロジェクトから声がかかった。社員を何人も抱える会社組織のこと、慎重な考えもあったが、「何もできないなら、まず行動をしよう」と綿花栽培に踏み切った。綿を植えるということは、がれきを撤去し、土地を耕すことになる。そうすればたとえ塩害を受けていても農地に見えてくる。それを農業再開のきっかけにするためスタートした。初年度はごく小さく40アールからはじめ、栽培のめどがついた翌年に1ヘクタールに拡張。身の丈にあった、責任の取れる範囲内として、この面積を維持して続けている。3年目は露地の圃場《ほじょう》のほかビニールハウスでも栽培をおこない、どちらにもみごとな綿がはじけていた。「東北でも綿が育つ」ということを、名取農場が実証した。

3年目にあらたに栽培をはじめたのは、東松島市の農場である。もとは牧場だった山を切り開き、震災で地盤沈下した土地のかさ上げや防潮堤工事用に土を運び出したあとを畑にしたところである。先の荒浜の生産組合の組合長が、自分が営む農地の近くで綿花専用の畑を作るためにこの場所を開墾した。内陸部であるこの場所は津波被害を受けたわけではなく、塩害からの農地再生、被災農家の支援という本来の意図に合致しているわけではない。しかし東松島市は報道されることが少ないが、犠牲者1100人以上、家屋5500戸が全壊と、宮城県の中でも非常に大きな被害を受けた地域である。今でも沿岸部は水没したままの場所が残り、鉄道も復旧していない。綿花農場の隣にも、東日本大震災最大級規模の仮設住宅地がある。そこに住む人々にも参加して楽しんでもらえる、癒しの場をめざすという目的で綿花畑が作られた。何も植えたことのない土地での初めての収穫の日、はじけた白い綿がひろがるという光景にこそなっていなかったものの、コットンボールをたくさんつけた綿木で広い農場が埋め尽くされていた。春にはただ茶色の地面がひろがっていたこの土地で、綿が根付き、実をつけた。収穫祭には仮設住宅や、宮城県内の企業、近隣の人々など地元からの参加が多かった。屋台やアトラクションなど、地元の人々自らが準備し、祭りを盛り上げていた。この日「震災のときに助けてもらったからお返ししたい」という声を何度も聞いたが、支援する側・される側ではないコミュニティが、この場にできあがっていた。

この年、収穫した綿花は合計で３７０キログラムほどになった。これをこのあと紡績し、商品にして販売することで、ひとつのサイクルが完成する。農・商・工が連携する、いわば6次化をめざしているのがこのプロジェクトである。ただし現状では、収穫量とかかるコストを比較すればビジネスとして成立しているとは無論いえない段階である。今後も不安や課題がなくなることはないかもしれない。だが、この活動は確実に続いていくだろう。あの土地を踏み、綿花を育て、はじけた白い綿にふれた人はおそらく実感している。多くの人の心の中でカチリと動いた、そんな確信の背景を、３年間の活動のなかから探していく。

東北コットンプロジェクト
綿と東北とわたしたちと

目次

東北コットンプロジェクト 綿花栽培地

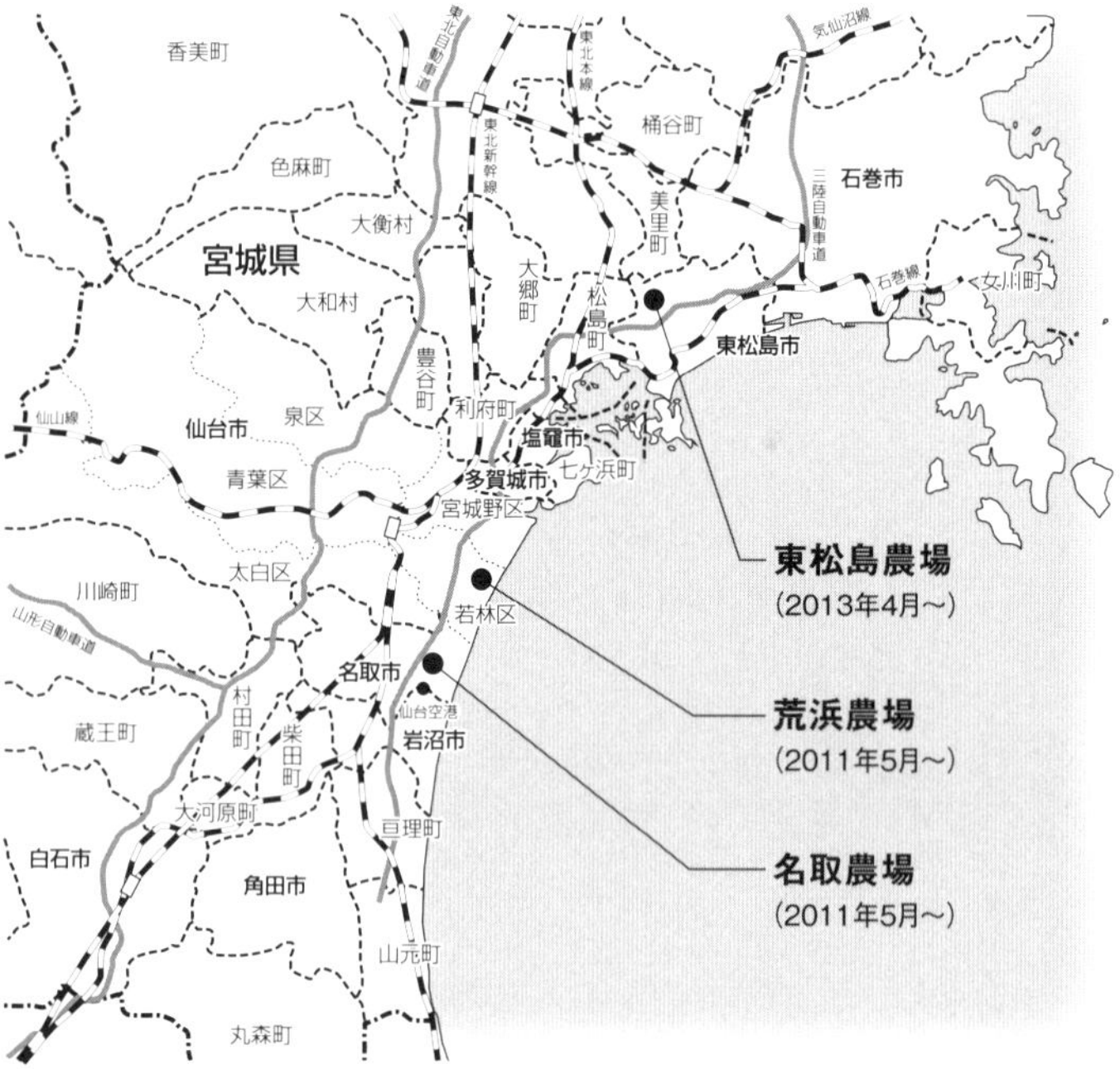

第 1 章

東北で、
綿をつくろう

はじまりのまえ

復興のために何をするか

震災から数週間、被害の状況が明らかになっていくにつれ、被災地外でも生活をとりまく空気がめまぐるしく変化していた。津波の映像や被害状況の報道に動揺し、福島第一原子力発電所の事故に恐怖を覚え、ネット上のデマや風評に逐一反応し、買い占めや節電、支援活動、反原発運動等々、とにかくさまざまな情報に翻弄されていた。あまりに被害が大きく、場所も広く、津波に加えて放射能汚染という未曾有の災害を前に呆然とし、無力感も漂っていた。

復興支援にしても、個人も、産業界もとまどっていた。特に電気や水道、食料、住まい、通信などライフラインに関わるもの以外の部分、たとえば娯楽や文化、サービスなどの分野では、自粛ムードのなか何をすべきなのか、模索している状態だった。ファッション・アパレル業界もそのなかのひとつである。

地震直後には、靴下や下着など喫緊で必要な物品を送った企業も多いだろう。では次に何をすればよいのか。たとえばチャリティＴシャツなど復興支援グッズを販売し、その収益を寄付するといったアクションはよくみられた。著名なデザイナーの限定商品、復興メッセージの入ったハイブランドのアクセサリーなどが注目を集め、すぐに完売になるなど、それなりに販売に結びつき、義援金を集めることに貢献していたかもしれない。

しかしそれが本当に復興につながるのか。そんな疑問を持つアパレル関係者も少なくなかった。ユナイテッドアローズグリーンレーベルリラクシング（ＵＡ）の沼田真親もそのひとりだった。「震災が起こって、何かアクションを起こしたい、サポートしたいと思っていた」という沼田は3月末、同社が取り組むプレオーガニックコットンプログラム[*1]（ＰＯＣプログラム）を運営するクルックの江良慶介に電話をかけた。

「クルックって、復興のために何かやっているんですか？」

クルックは、音楽プロデューサー小林武史が運営する会社で、環境に配慮した食やファッションに関する事業を展開している。ＰＯＣとは、インドのコットン農家のオーガニック栽培への移行を支援するプロジェクトで、クルックと伊藤忠商事が共同で企画・運営をしている。江良はその担当者である。

沼田からの電話をきっかけに、ＰＯＣでつながりのあるメンバーと一緒に何かで

＊1
プレオーガニックコットンプログラム
株式会社クルックと伊藤忠商事株式会社繊維カンパニーが共同で企画・運営を行なうインドコットン農家のオーガニック栽培への移行を支援するプログラム
http://www.preorganic.com/

きないだろうか、という話になった。普段インドの農家に対してブランドをこえて連携していた、そのつながりを東北にも向けたいと思ったからだ。ＰＯＣに関わる、リー・ジャパンの細川秀和、アーバンリサーチの新山浩児と中馬剛仁に声をかけ、４社が集まって勉強会をはじめることになった。

コットンがはらむ問題

クルック以外の３社は、ＰＯＣの糸を買い取り、それぞれ商品を作って売る、いわば競合企業である。そのライバル同士が結びついた背景には、ＰＯＣの性質や、各社のコットンに対する問題意識があったといえる。

コットンという原料について少し補足しよう。コットン製品といえば、Ｔシャツやジーンズ、タオルやシーツなど日常生活に欠かせないものだが、原料であるコットン、つまり綿が「農場で栽培されている農作物」であるということを意識している人は多くないのではないだろうか。

綿は天然素材でナチュラル、環境にもやさしいといったイメージが一般的だが、栽培に農薬を多く使用する作物であるということもあまり知られていない。綿花生産をしている農地は、世界の耕作面積の2〜3％にすぎないが、そこで使われている農薬は「世界全体の化学農薬の11パーセント、殺虫剤に限ると25パーセント」というデータ[*2]がかつて発表され、注目を集めた。大量の農薬は環境への負荷が大きいのはもちろんだが、生産農家の身体にもダメージを与える。綿花の生産地の中でもインドでは小規模な農家が多く、手作業で農薬の散布などをおこなっていることから、農薬による健康被害は深刻であるという。

そこで農薬に頼らない有機農法への移行をサポートをするために作られたシステムがＰＯＣである。オーガニックコットンは3年以上農薬を使っていない土壌で育てるという条件があり、国際機関に認証されたオーガニックコットンは高い市場価格で取引される。しかし、農薬使用を止めてオーガニックに移行する途中の綿はオーガニックコットンとは認められないため、農家の収入は上がらない。そのため、移行中の綿もオーガニック栽培支援費を付けて綿花を購入するなどの農家への支援を行うのが、ＰＯＣのしくみである。

このようにして作られたＰＯＣおよびオーガニックコットンの糸は、当然ながら仕入れ価格が通常のものより高いが、そこに価値を見出す企業が導入している。先の3社も、それぞれに問題意識を持ち、ＰＯＣを取り扱うようになっていた。

リー・ジャパンはジーンズメーカーで、全製品に占める綿の割合が高い業種である。

＊2 「世界全体の化学農薬の11パーセント、殺虫剤に限ると25パーセント」というデータ
出典：THE IMPACT OF COTTON ON FRESH WATER RESOURCES AND ECOSYSTEMS. A PRELIMINARY SYNTHESIS, WWF 1999 農薬使用量はその後減少しており2008年には世界の農薬使用量の6・8パーセントというデータもある（「コットンと環境」一般財団法人日本綿業振興会「世界の農薬使用量（各農作物）」出所：Cropnosis 2008年販売データ）

細川によると、デニムは環境に負担をかける製品だという。

「ジーンズは染色や加工の工程で、薬品や水を大量に使うため環境負荷が高い。そこで素材である綿は、なるべくオーガニックのものにしたいと考え、5年ほど前からオーガニックコットンに携わってきました」


またアーバンリサーチでも元々オーガニックに興味があり、7〜8年前にオーガニック製品を製造販売したというが、そのときは「びくとも売れなかった」そうだ。

「でもその後数年でオーガニックが注目されるようになった。ちょうどクルックさんでPOCを始めるというのを聞いて、新しいブランドにぜひ、と始めました」（同社・中馬）という。アーバンリサーチのPOC使用ブランド「one mile wear」は、同社店舗だけでなく、ユナイテッドアローズの店頭で販売するという展開にひろがった。

「POCは、コットン、アパレル製品そのものにはらむいろいろな問題を見直すいいきっかけになりました。自社でこの糸を使用すると同時に、POCを知ってもらうためなら、自分達でものづくりをすることに限らなくてもいいんじゃないかなと思って」とUA・沼田が語るように、既存のビジネスの枠組みを超えた関係性が芽生えていた。

クルック　江良慶介
（後に東北コットンプロジェクト事務局長）

ユナイテッドアローズ
沼田真親

「綿は塩害に強い」のひとことから

こうしたつながりをもとに集まった4社は、復興支援についての話し合いをはじめた。共通認識として明確だったのは、一過性ではなく、継続的にサポートしていこうということだった。

「一時的なチャリティではなく、被災した人たちに雇用が生まれ、被災者の生活が少しずつでもよくなっていくことをやりたかった」（江良）というように、被災者の仕事になることにしよう、ということがテーマだった。「被災した縫製工場で製品を縫ってもらい、それぞれの店舗で販売する」「何か買ってもらうときにその製品をプレゼントする」といったアイデアがあがったという。ただ、3月末から1ヶ月話していても、これはというものが浮かばなかった。何が入り口で、何をきっかけにやるという具体的な活動が見つからなかったのだ。

そんな状態のなか、一瞬にして「これをやろう」と全員が賛同したのが「塩害に強い綿を被災地で育てる」というアイデアである。

2011年5月10日、コットンの日、リー・ジャパンも主催となっているイベント「コットンCSRサミット2011」[*3]が開催された。コットンの日には、アメリカ綿花のイメージアップを目的とした「COTTON USA アワード」（CCI国際

リー・ジャパン
細川秀和

アーバンリサーチ
新山浩児

綿花評議会主催）が毎年大々的に開催されているが、コットンＣＳＲサミットはアメリカコットンとは一線を画す、オーガニックをテーマに企画されたイベントである。オーガニックコットンに携わる企業、ＮＧＯ、学生などが集まり、この年初めて開催された。サブテーマは「人と地球にやさしいコットンとバリューチェーンを考える」。オーガニックコットンの取組事例、生産支援のしくみ、ＣＳＲの価値、ＮＧＯとの協働、製品や市場全体についてなど、さまざまな事例の発表がおこなわれた。

この日最後のセッションに登壇したのが、大正紡績の近藤健一である。近藤は、日本のオーガニックコットンに関しては第一人者というべき存在で、この日はエシカルファッションについて話す予定だった。だが「5分間だけ時間をほしい」と前置きをして話しはじめたのが、「綿は塩害に強い、綿花で東北を救おう」という提案だった。これが、多くの参加者の心に響いた。出席者によると、この日1日の内容を塗り替えてしまうようなインパクトだったという。

後に近藤に聞くと「私が綿を植えるから、アパレルのみなさん買ってくださいよ、というつもりだった」というが、復興支援や繊維産業の社会的責任などに関心の高いこの日の参加者にとって、おそらくそのアイデアはある種のカタルシスとなったのではないだろうか。このイベントの出席者のなかから、多くのメンバーが後に東北コットンプロジェクトに参加することになった。

＊3
「コットンCSRサミット2011」
世界のコットンを取り扱う、アパレル、紡績、商社などの衣料・繊維関係企業の参加を得て、それぞれの立場から、人と地球にやさしいコットンの普及や、コットンの生産現場が抱える課題への解決方法について経験共有を目的として東京で開催された。リー・ジャパン、特定非営利活動法人ハンガー・フリー・ワールド、特定非営利活動法人ACEが主催。2012年に第2回を開催、その後2013年には「エシカルコットンサミット」、2014年「エシカルファッションカレッジ」と発展しながら継続している。

宮城県平野部では津波による冠水で塩害が発生。治水
設備の破壊、地盤沈下により復旧が困難となった

先の勉強会チームも例外ではない。登壇者として参加していた細川、江良は近藤の帰り時間まで待って「僕らにもやらせてください」と訴えた。近藤は「おう、じゃあやろう」と二つ返事で受け入れ、早速翌日から具体的に動き出した。そこからは急速に進み、数週間のうちに実際に宮城県沿岸部で綿の種をまくことになったのである。

ところで、この「東北に綿をまく」という発言は、単にアイデアレベルの提案だったわけではない。すでに4月下旬、津波被害を受けた農地を視察し、具体的な方策を検討する段階にあった。動いていたのは大正紡績・近藤と、大阪の靴下メーカー、タビオである。東京のアパレル業者が支援策を練っていたちょうど同じ頃、関西の繊維業界でこのアイデアが浮上し、動き始めていた。

ジーンズの町、岡山県児島からのヒント

大阪で生まれた、東北での綿花栽培のアイデア。唐突のようだが、そこには偶然があり、いくつかの必然もあった。

3月、近藤はヨーロッパに出張中で、震災当日はニースに滞在していた。「エンジニア・近藤」と自らよく名乗っているように、世界28ヶ所で綿花畑と紡績工場を作っ

＊4
サリー・フォックス
アメリカの昆虫学者。有益昆虫を用いた綿花栽培の研究や病害虫に強い綿花品種の開発などを通じ、オーガニックコットン栽培の発展に大きく貢献した。カルフォルニア州にオーガニックコットンの農場を持ち、種の供給も手掛けている。

てきた近藤は、現在も世界中を飛び回っている。「1989年にオーガニックコットンの提唱者サリー・フォックス[*4]の記事を見て、会いに行って感銘を受けて」以来、オーガニックコットンを広めることが世界平和につながると確信したという。「人間も、生きるものも大切にする工場」を作ってきたという近藤は、世界各国で津波や高潮の被害にあった土地に綿を植えて、塩害から再生することを体験してきた。

その近藤と懇意にしているのが、靴下メーカー・タビオ会長、越智直正である。靴下の製造・卸のほか、全国に専門店を展開する大手メーカーのタビオだが、国内生産にこだわり、奈良県内の工場で製造をおこなっている。さらに同社は2008年から奈良県広陵町《こうりょうちょう》で綿花を栽培している。広陵町は現在靴下産業が盛んだが、歴史をさかのぼるとかつては大和木綿という和綿の生産地で、農家の現金収入源として綿花が広く栽培されていた。明治時代以降輸入綿が主流になり衰退したが、近年和綿を見直す動きがあり、近畿地方中心に小規模な綿花栽培がひろまっている。タビオも地域還元の一環として、高齢者の仕事づくりに休耕田を利用した綿花栽培を発案したのである。以来栽培を続け、現在は3・4ヘクタール、2万株の綿花を育てている。

その活動を通じて、全国の綿花栽培者のネットワークができつつあった。オーガニックコットンやトレーサビリティへの関心の高まりに伴い、伝統的な和綿や国内栽培への興味が徐々にひろまり、国内での綿花栽培が増えてきたためだ。そんな経緯から「全

荒浜にて塩分濃度を測る
大正紡績　近藤健一

タビオ　越智直正

奈良県広陵町の綿花栽培（提供：タビオ奈良）

国コットンサミット」[*5]という組織が作られ、第1回のサミットを、大阪・岸和田市で2011年5月21日に開催することが決まっていた。近藤、越智はともにその中核として動いていた。

　しかしこの両者の経験は、すぐに東北に結びついたわけではなかった。そのきっかけとなったのは4月上旬、タビオ・越智と、JR西日本・ショッピングセンター部門担当の大畠諭との会話だった。

　大畠はショッピングセンターのテナントであるタビオの工場を見学することになり、その前に大阪本社で初めて越智と面会した。その際大畠がなにげなく話題にしたのが、2月に視察に行った岡山県倉敷市児島の「ジーンズストリート」のことだった。児島は、国産ジーンズ発祥の地[*6]として知られており、それを生かして生産から販売までを手がけアピールする、というまちづくりを地元生産者たちがはじめているという。大畠は新たなテナント探しのために児島を訪れたのだ。

　児島がなぜジーンズの生産地なのか。その背景には、かつて多島海であり、戦国時代以降に干拓されてきた、というこの土地の特徴がある。干拓地であるため土地の塩分が強く、栽培できる作物が限られる。そこで塩分に強い綿花が作られるようになったのだ。綿花はやがて特産物となり、紡績工場、綿織物工場など繊維産業へと発展、地域の商工業の隆盛に結びついたという。

＊5
「全国コットンサミット」
綿花栽培を手掛ける人々が集い、語る場として全国コットンサミットを企画、運営。2011年に大阪府岸和田から始まり、鳥取県境港市、奈良県広陵町など順次開催。各地のコットンサミットは、地元の自治体や商工団体、企業などからなる開催実行委員会が組織され、地元色を出している。会長 大正紡績・近藤健一。http://cottonsummit.web.fc2.com/

＊6
国産ジーンズ発祥の地
1965年、児島で国産ジーンズが日本で初めて作られた。旧味野商店街を改装したジーンズストリートでは、現在10社の地元ジーンズメーカー企業が直営店

大畠はこのような史実を雑学として記憶していて、タビオ訪問の際に披露した。東日本大震災の津波被害の話題からの、会話の流れであった。それを聞き越智はひらめいた、「東北に綿畑を作ろう」と。

「男として情けない、テレビを見て泣いているようじゃいかん。東北のために何かやりたいと常日頃思っていたから、これはもう、すぐ現地に行って綿を植えようと思いました」

という越智は、本当にその日のうちに社員に「種を持って行って、農家の人にまかせてくれと頼んでこい」と送り出したのである。

その後、5月にかけて越智自身も一緒に東北に行き、生産農家や農業試験場などに、綿花が育つか実験をさせてもらえないか頼んで回った。しかし、まだがれき処理も進んでいない頃である。「お宅の提案は素晴らしい、理解もできる、やりたい。でも今はそれどころではない」と断られ続けたという。そんななかでこの申し出を引き受けたのが、現在も栽培を続ける、名取市の耕谷《こうや》アグリサービスだったのである。

それと並行して、大正紡績にも「コットンに携わるものとして協力してもらえないか」と持ちかけた。出張中だった近藤は国際電話で伝えられ「それはいいことや」と二つ返事で賛成したものの、帰国後現地に行くまでは、決心はついていなかった、と話す。しかし損傷した井戸や灌漑用水路を見て、

で販売をおこなっている。（参考：児島エリアポータルサイト『児島のものづくり』http://kojima-town.jp/made-in-kojima/top.html）

JR西日本　大畠諭

「稲作はすぐには復活しないだろう。これでは農家の方は収入の道が閉ざされてしまう。まだなんの策もないというから、コットンを植えるしかない」

と、本格的に取り組むことを決意したという。

近藤は、津波を受け2週間から1ヶ月海に浸かっていた土の塩分率を計測した。太平洋の塩分率は3・5パーセントだが、綿の根に影響する地表から50センチまでの間の塩分率を測ると0・8〜1パーセントだった。米は塩分率0・2パーセント、大豆は0・1パーセントまでしか育たないが、綿は1・5パーセントまでは育つという実績があったので、これは勝算があると感じたという。

この経緯を、近藤が東京の「コットンＣＳＲサミット」で紹介したわけである。大阪では「全国コットンサミットｉｎ岸和田」で、越智が「たまたま綿花を扱う我々にとってこれは定めだ。種はうちが全部出すから応援してくれ」と呼びかけ、賛同を得た。こうして東京、大阪で同時多発的に起きたムーブメントが融合し、大きく動き出すことになったのである。

2011年6月
仙台市荒浜地区

始動

アパレルチームが東北に行くまで

「東北に綿を植えよう」というアイデアが大正紡績・近藤から発表された「コットンCSRサミット2011」のすぐ翌日、5月11日から、実現に向けて動きが始まった。

元々この日は、前出のPOC関連チームの会議が設定されており、被災地支援のために何をやるか話し合うことになっていた。メンバーの多くは前日のコットンCSRサミットに参加しており、「昨日聞いた話、すごくよかったですよね」と綿花の話題で盛り上がった。この時点では近藤は一緒ではなかったが、リー・ジャパンの細川がその場で電話をかけ「それなら、すぐ行くわ」と合流した。

検討が深まると、具体的に栽培する方法を探ることになった。本格的に東北で綿を育てるとしたら、栽培をする農地とそれを育ててくれる農家が必要となる。集まっているのはアパレルメーカーであり、農家との関わりはない。そこで、そのルートを持っている全農に相談に行こうということになった。

全農＝全国農業協同組合は、農畜産物の販売や生産資材の供給など経済事業をおこなう組織である。アパレルとのつながりはほとんどない業態だが、全農で使う農作業用のワークウェアを、ジーンズメーカーであるリーと共同で製作するという実績があり、細川がその担当になっていた。全農側の窓口は、みのりみのるプロジェクトリーダー、小里司である。小里は、農業経営者の意見を集約し、それを農協全体で共有するシステムを開発、その後銀座三越にカフェや食堂、フリーペーパー「AGRIFUTURE」をつくるなど、全農内でも新しい取り組みをしている。細川は小里に連絡をとり、すぐにアポイントを取り付けた。

その日の午後、アパレルチームの細川、江良、沼田、中馬、近藤が、全農を訪問した。提案の内容を聞いた小里はさまざまなところに問い合わせをしたが、震災直後でみんなそれどころではない。そのなかで「宮城で、できそうな人がいる」との紹介があり、行ってみようか、とすぐに訪問を決めた。その「できそうな人」が、現在東松島農場で綿栽培をしている、赤坂芳則である。

赤坂は、宮城県遠田郡美里町の農業生産法人、イーストファームみやぎの経営者である。美里町を中心に、宮城県内に50ヘクタールの農地を経営する大規模な法人だ。

全農　小里司

美里町は宮城県北東部、内陸に位置しており津波被害こそなかったが、隣接する東松島市が甚大な津波被害を受け、赤坂の家族、親族も深刻な被災状況だった。まだ混乱している最中ではあったが、5月中に訪問する約束を取り付けた。

ニュースで見た被災地へ

一方、奈良のタビオからは別のアプローチで東北に向かった。「種だけ持って、まいてこい」と東北行きを任命されたのが、広陵町での綿花栽培を担当している、タビオ奈良の研究開発事業部検査・研究課シニアエキスパート、島田淳志だった。

島田は東北についてはなく、報道で入ってくる情報しかなかった。たまたま見たテレビのニュースで、宮城県名取市のカーネーション農家が震災直後から栽培を再開しているということを知り、そこを訪ねてみることにした。

名取市は肥沃な土地、気候、風土に恵まれ、稲作のほか特にカーネーション栽培がさかんで東北一の生産量をほこるという。平野の平坦部が大半を占める地域で、市域の約3割が浸水、死亡・行方不明者がおよそ1000人にのぼった被災地である。島田が訪ねた農家でも、ビニールハウスは潮を被り、土にまみれ、そのなかで花が咲いていたという。島田はその農家に綿花栽培を提案したが「うちはハウスだから大丈夫です」との答え。しかし、いいところを紹介してあげるから、とつないでくれたのが、耕谷《こうや》アグリサービスだった。当時の専務、佐藤富志雄に綿花の話を持ちかけると「いいよ、そこあいてるから」と、種をまくことを了承してくれた。

耕谷アグリサービスは、受託耕地面積76ヘクタールという大規模な農業法人だが、その農地の9割が津波被害を受けた。がれきが散乱して、田んぼの中にヘドロが入り込んだその光景を、「耕谷ではなく荒野」と佐藤は語る。震災から2ヶ月、なんとか復旧しなければ、と思い始めていた頃の提案だった。最初は半信半疑ながら、何もできないならとりあえず農地を管理するきっかけになれば、と始めてみることにした。5月27日に種をまき、プロジェクトとしては一番先に栽培がスタートした。

震災2ヶ月後、宮城県沿岸部

東京で動き始めたアパレルチームは5月28日、クルック・江良、大正紡績・近藤、全農・小里が美里町の赤坂を訪ねた。「田んぼが仙台にあるということを聞いた。津波を受けた被災地で、綿を作ってみませんか」という3人の提案に、赤坂はとまどったとい

被災直後3月12日の耕谷アグリサービス（撮影：同社）

う。震災から2ヶ月が過ぎたばかり、生活はまだ混乱していた。ましてや、農家とはいえ綿など考えたこともない作物である。

　赤坂がまず案内したのは、東松島沿岸部だった。美里町に隣接する、津波被害の甚大な地域である。赤坂自身の親類も、行方不明になった。海沿いの地区は赤坂の長女が勤務先の保育園で被災、園児を連れて避難した小学校体育館で津波に遭い、九死に一生を得たもののしばらく孤立状態になっていた場所である。その日撮影した写真をみると、船が打ち上げられ、車や家が無惨な姿で残っていた。地域一帯が水没して、元の町の様子が想像できない、何もない光景が広がっている。その様子をみながら赤坂は、ここはたくさんの方々が流され命が奪われた場所であるということを伝えた。そうすれば引き下がるのではないか、そんな思いもあったという。しかし逆に近藤は発奮した。

「それなら多くの方々の霊が守ってくれますね。ぜひ綿を植えましょう」

　その答えに赤坂も腹を決め、本格的に検討をはじめた。

　最初栽培地として候補にあがったのは、東松島で津波を受けた圃場だったが、その場所は周囲の水路が比較的無事だった。排水が直ったら、国の援助事業で真水を入れて撹拌ができる。排水さえすれば塩度が下がるので稲作再開の可能性が高く、所有者は米づくりを選んだのである。そのため別の土地を探すことになり、次にあげられた

赤坂芳則

2012年7月
名取市閖上地区

被災直後3月12日の東松島市
（撮影：赤坂芳則）

のが仙台市若林区荒浜だった。ここは赤坂の妻の実家がある場所で、知人も多かった。荒浜は宮城県内最大の津波被害地域で、およそ１８００ヘクタールが津波にのまれた。町は壊滅状態、用水路も破壊された。家も農機具もすべて失い、地域の農業を一手に引き受けていた農業生産法人の社長も役員も亡くなり、２００軒あった農家は何もできなくなっていた。

「農地も一部所有していたが、それほど大きくないし、もう辞めてしまおうかと思っていました。でも、一緒に農業をやっていた仲間の中で、何もできなくなったメンバーだけがそっくり荒浜にいる。彼らを見捨てるわけにはいかない。いずれは何かのお手伝いをしなければ、という思いを持っていたんです」

そんなときにたまたま県外から持ちかけられたのが、綿花栽培の話。赤坂は、これを荒浜の仲間と一緒におこなうことを考えた。

５月半ば、荒浜の住人は散り散りになりながら避難生活を送っていた。赤坂と妻同士が友人だった渡邉静男は、２ヶ所の避難所を経て仮設住宅に入居したばかりの頃にこの話を聞いた。

「最初は田んぼを貸すだけだと思いました。ここには機械も建屋もないから、持ってきて作業してもらうならどうぞ、と。そうしたら、いや、一緒にやろうじゃないかという話だった」

渡邉静男

2013 年 8 月　東松島市野蒜地区

渡邉はまだショックが大きく、気力もなかった。それでも事が進み、トラクターが運ばれ、田んぼを耕耘してほしいと言われ実際に作業をするうちに、気持ちが生き生きしてきた、という。避難所や仮設住宅でこの話を伝えると、「どうせなんも作られねえんだから、いいんじゃないの」「よくわからないけど、やってみるか」と手が挙がり、まず5人が揃った。

この頃の話をしていたとき、「こういうことでもしてなかったら、避難所でずっとじっとしていなきゃいけないから」と何人かから聞いた。家を失い、自分の農地はまだがれきの山。どのように復旧が進むかもわからないから、予定もたてられず、なんの交渉もできない。何をする気力も出なかった日々である。そこから、とりあえず何かを始めてみようと立ち上がる住民の手によって、荒浜での綿花栽培が実現することになった。

「東北コットンプロジェクト」と名付けられるまで

名取では種まきがおこなわれ、荒浜でも栽培のめどがたったところで、プロジェクトとしてのしくみづくりが始まった。

活動を始めたリー・ジャパン、アーバンリサーチ、ユナイテッドアローズグリーンレーベルリラクシング、大正紡績、タビオ、クルックらが発起人となり、その後の活動の枠組みなどを話し合った。この段階で、プレオーガニックコットンプログラムの事務的な業務を行っていたクルックが、この活動でも事務局としての機能を持つことになった。荒浜の種まきのあと、7月に正式にプロジェクト発足の記者発表を行うというスケジュールをたて、それに向けての準備が早急に進められた。

ところで、この時点ではまだ「東北コットンプロジェクト」という名称がついていたわけではなかった。この頃の資料では、東日本大震災復興プロジェクト、東北支援コットンなどと、とりあえずの仮称がつけられていた。活動を本格的に進めるにあたって発起人たちが早い段階で着手したのが、プロジェクトのデザインである。被災地支援を単なる寄付では終わらせず、お互いのビジネスの中で継続的なサポートをしていきたいという思いからスタートしたこと、中心となっているのがファッション業界のメンバーだったことから、伝えるためのデザインを重要視していた。統一した見解や活動の報告をしていくということを思い描き、プロジェクトのデザインに数々のクリエイターの参加を求めた。

その筆頭が、グッドデザインカンパニーの水野学である。トップクリエイターであり、今では「くまモン」のデザインでも知られる水野は、ＰＯＣのロゴマークデザインを担当しており、クルック・江良と関わりがあった。江良は、まだ形になるかどうかわからなかった5月の段階で、別件の打ち合わせの際にこの話を水野に打診。6月に入り発起人たち数名で水野の事務所を訪問した。企業や自治体などのコンセプトデザインを多数手がける水野は企画の立ち上がりから参加することが多く、この日の会議でもさまざまな意見を出し、発起人たちと話し合った。このとき、プロジェクト名は「東北コットン」がいいのではないか、と提案したのが水野だった。もっとおしゃれなほうがいいのでは、などいろいろ話し合ったが、
「いや、やっぱりこのプロジェクトの性質を考えた場合、東北コットンとうたえないのはネガティブじゃないか」
という水野の意見に発起人たちも共感し、この場で「東北コットンプロジェクト」という名称が正式に付けられた。

その後、7月のプレス発表に向けてデザインが進められ、「東北だけの問題にせず、復興を一緒に考えるチーム」「コットンであるがゆえ、やさしくてかわいい、Tシャツにしたときに好きになってもらえる」というイメージから、現在の東北コットンプロジェクトのロゴマークが生まれた。

その後、コピーライティングにｐｏｏｌ、ウェブサイトデザインにエヴォワークス、写真を中野幸英と、それぞれの分野で活躍するクリエイターの参画が決まり、クリエ

「東北コットンプロジェクト」ロゴマーク

イティブチームの体制もととのった。

7月14日、プロジェクトは農業生産組合・農業法人とアパレル関連企業16社の参加により正式に発足[*7]した。この日公開した東北コットンプロジェクト公式ウェブサイト[*8]には、プロジェクトの目的についてこう書かれていた。

服を着ることが、農家の支援になる。

津波被害で稲作ができなくなっている
農地にコットンを植え、
農業を再開してもらうこと。

アパレル関連企業と共に
東北コットンを使った新事業を創造し、
東北に安定的な雇用を生み出すこと。

「あなた」のいつもの暮らしと被災地をつなぎ、
無理なく、継続的に農家を

＊7
正式に発足
発足時の参加企業・団体仙台東部地域綿の花生産組合／耕谷アグリサービス／全農／全国コットンサミット／大正紡績／Tabio／Lee／URBAN RESEARCH／kurkku／UNITED ARROWS／green label relaxing／PRE ORGANIC COTTON PROGRAM／FRAMeWORK／LOWRYS FARM／Cher／plumpynuts／PLAYWORK／caqu／CHIAOPANIC TYPY／REBIRTH PROJECT

＊8
東北コットンプロジェクト公式ウェブサイト
http://www.tohokucotton.com/

応援できる仕組みをつくること。

それが、私たちの約束です。

こうして始まったプロジェクトは、いよいよ本格的に東北コットンの栽培を開始した。

〈コラム１〉

綿とは　特徴と歴史

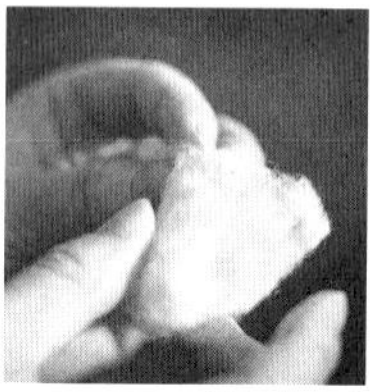

種を植えて育て、花が咲き、コットンボールがはじけ、それを糸にして服にする。なんとも壮大で、ロマンティックなしくみである。いったい誰がこの植物を見つけて、布にしようと思ったのだろう、と考えてしまう。そもそも綿はいつから人間に利用されるようになったのだろうか。綿とはどんな植物か、どんな歴史を歩んできたのか、しらべてみた。

わた【綿・棉】

①アオイ科ワタ属の植物の総称。一年草または木本性植物で、約四〇種がある。繊維作物として熱帯から温帯にかけて広く栽培される。葉は掌状に三～五裂。花は大形の五弁花で、黄・白・紅など。果実は卵形で、熟すと裂開して、長い綿毛のある種子を

出す。綿毛は、紡績原料や脱脂綿・詰め綿の原料にされる。種子からは綿実油をとる。リクチメン・アジアメン・カイトウメン・ナンキンメンなどが代表種。

（大辞林 第三版）

アオイ科にはフヨウ、ハイビスカスや野菜のオクラなどがあり、綿の花はそれらの花によく似ている。その花が実を結んでコットンボールとなり、緑色から褐色に熟すとボールがはじけて、白い綿がふわふわと出てくる。この綿を紡績して糸にして、その糸を織って生地に、あるいは編み上げてニット素材となる。

綿の部分は紡いで糸となり服の素材になるほか、繊維が利用されて、紙幣の原料や化粧品などの成分としても使われる。綿の部分以外にも利用価値が豊富にある。種子は油脂分を20パーセント程度含んでいるため絞って綿実油（サラダ油）となり、絞った後のかすは家畜の飼料や、石けん、肥料、火薬などの原料としても利用されている。

綿の品種は、大きく4つにわけられる。海島綿（カイトウメン）に代表されるバルバデンセ、エジプト綿・陸地綿（リクチメン）などのヒルスツム、アジア綿系統のアルボレウムとヘルバケウムである。種類によって綿毛の長さ（繊維長）がちがい、最も長いのが海島綿、次いでエジプト綿や陸地綿、いちばん短いのがアジア綿だ。繊維長が長い方が紡ぎやすいため衣服の素材に使われ、短い綿は布団の綿などに適している。日本の在来綿はアジア綿系統のインドワタの変種といわれ、繊維長は短い。

歴史をさかのぼると、ワタは世界各地で別個の基本種から独立に作物化されたようだ。インドでは、紀元前26世紀のモヘンジョダロの遺跡から綿布片が発見されており、最も古くから栽培されていたとされる。その後アラビアに伝わり、アレキサンダー大王の西方遠征以降、紀元前4世紀頃ヨーロッパ各地へ。新大陸では紀元前26世紀からペルー、ブラジルで、メキシコでは紀元前5800年にリクチメンが栽培され、それが18世紀頃アメリカに渡り栽培が発達した。アジアへは、インドから中国へ種子がわたった。日本へは、平安時代にインドあるいは中国から伝来したのが始まりといわれている。

はるか古代に各地で発見され、人によって栽培され、世界中に伝播していったのは、綿があたたかく丈夫で、寒さから身を守り生命を維持するのに役立ったためだろう。原始時代には動物の皮、やがて獣毛や植物の繊維、蚕絹などを糸にして布を織り、衣服として使われてきた。しかし、絹や毛織物など軽くてあたたかい衣料を着られたのは身分が高い層で、貧しい人々は麻布などしか手に入らず、生きていくうえで寒さとの戦いが常にあった。綿が登場してからは各地で栽培され、糸が大量に生産されるようになった。民衆もあたたかい衣料を手に入れることができ、生活が向上していった。紡績技術の発達はやがて産業革命を起こし、工業化社会が訪れ、近代化が進んだ。

合成繊維が普及した現代でも、綿は世界90カ国で栽培され、衣料用繊維の3割ほどをしめている。綿はわたしたちの生活に、あるいは社会のなりたちに、想像以上に深く関わっている。

第 2 章

種から綿へ「農」

荒浜と綿花

津波に襲われた町　荒浜

畑にする場所が決まり、作業に関わるメンバーがそろい、荒浜での綿栽培が一歩を踏み出した。最初に集まったのは、プロジェクトから話を受けた美里町の赤坂芳則、土地を提供した渡邉静男のほか、郡山守、今野栄作、松木弘治。この5人により「仙台東部地域綿の花生産組合」という組織が作られ、中心となった赤坂が組合長となった。郡山、今野は同じ仙台市若林区だが、郡山は大和町、今野は荒井という集落で農業を営んでいる。松木は渡邉と元々家が近く、仮設住宅も同じＪＲ南小泉仮設住宅に入り、喫煙所で話をするうちこの計画を知り名乗りをあげた。同じく仮設で知り合った佐藤善則、佐藤正己も一緒に作業に参加し、6月下旬に正式な組合員となった。

栽培面積は、1・2ヘクタール。栽培場所のすぐ近くだが、家屋の被災を免れた今野の家の建屋に農機具などをおかせてもらうことになり、栽培が現実的になってきた。

この頃、6月初旬の荒浜は、冒頭でもふれたとおりがれき処理がようやく進みはじめた頃である。あたり一面建物はなく、海沿いに残ったわずかな防潮林と、避難場所となった荒浜小学校の校舎が遠くに見えるだけだった。

荒浜*1とはどんな場所だったのか、そしてどんな被害を受けたのか。あらためて記しておこう。

荒浜は仙台湾に面し、東北地方最大の平野、仙台平野の中程に位置する。約400年前、この場所に辿り着いた武士が土地を切り開いてできたといわれている。町を流れる貞山堀や津波を防ぐ防潮林は、江戸時代に伊達政宗率いる仙台藩によって作られた。明治時代に周辺との合併で七郷村の一部に、後に仙台市若林区の一部となった。稲作がさかんで水田が一体にひろがり、震災前は約800世帯がくらしていた。海沿いの深沼海岸は海水浴場、サーフスポットとして県内で人気が高かったという。

東日本大震災の震源地は、荒浜からおよそ100キロ先の太平洋沖。津波がこの地区を直撃した。渡邉、松木はそれぞれ自宅で地震に遭い、荒浜小学校に避難、津波の一部始終を目の当たりにした。

「津波が12メートルほどの高さがあった防風林を乗り越え、真っ黒い色で荒浜小学校めがけて押し寄せてきました。波は2階まで一気に水位を増し、3階に続く踊り場までやってきました。全員で4階に避難、ベランダから、流されていく家や人を目の

＊1
荒浜
被害状況（仙台市）仙台市ウェブサイト
http://www.city.sendai.jp/higaiho/20110311_jisin.html
「東日本大震災　仙台市震災記録誌—発災から1年間の活動記録—」（仙台市）
http://www.city.sendai.jp/fukko/1207640_2757.html

前にしても、どうすることもできませんでした」（渡邉）
「家の、床の上の部分が全部崩れて流されていく状況でした。お寺の本堂の屋根が、学校の前をゆっくりとずっと流れていく。あれはなんともいえなかった」（松木）
　荒浜小に避難した３２０人は全員無事だったが、１８６人の住民が亡くなった。残された住民は内陸部に避難し、人の気配が消えた。それが震災後３ヶ月の荒浜だった。
　綿の種をまくのは水田だった場所である。被災直後のこの場所の写真を見ると、一面砂で覆われ、真ん中に巨大な松の流木が横たわっている。排水路は、津波によって運ばれた砂で埋もれており、水の流れはまったくない。渡邉は、
「塩害を受けた田んぼや壊れた用水堀、排水堀、ポンプ場を見たとき、どうしたらいいのか、何も考えられず途方に暮れました。もう農業をあきらめるしかないと思った」という。用排水路が破壊されているので、真水を注入して代《しろ》掻《か》きをおこない塩分を水に溶かして排水する、という国の除塩事業もおこなえない。
　実はこの荒浜の用水ポンプ場は、春から松木の職場になるはずだった。長く勤めていた会社を辞め、実家に戻って農業をしながら、仙台市からの委託で用水路のポンプ場の係として４月から勤務する予定だったのだ。その矢先の震災で計画は大きく変わってしまったが、別の形で荒浜の農業に関わることになった。

津波襲来時、多くの住民が避難した荒浜小学校

松木弘治

綿なら用排水設備がなくても育てられる、とはいえ津波を受けまだがれきも残り、すぐに農地として使える状態ではなかった。しかし綿の生育を考えると、まきどきとしてはすでに遅い。収穫できるぎりぎりを考え、播種《はしゅ》（種まき）を6月18日と設定し、それまでに農地として整備する計画がたてられた。記録を見ると、

6月11日　ゴミ撤去作業、排水対策作業
6月12〜13日　整地作業、肥料散布作業
6月17日　耕運・砕土作業、播種床準備
6月18日　種まき

と、ほぼ1週間でがれきの埋まった土地を農地にするという特急スケジュールだった。赤坂は美里町から数時間かけて、渡邉、松木らは南小泉地区の仮設住宅から現地に通っての作業だった。根こそぎ倒れた松の木、壊れた車、押し曲げられたガードレール、津波の爪跡を少しずつ片付け、農地へと整えていった。

一歩ずつ種をまく

6月18日、荒浜初めての綿の種まきの日を迎えた。この日は、東京や大阪から、プ

ロジェクト参加企業の社員など50人がやってきた。初めて現地の生産者と、アパレル企業のメンバーが顔を合わせることになった。片付けきれない大きな倒木が真ん中に横たわる畑で、いよいよ種まきが始まった。

種をまく直前までトラクターで耕していた畑は、ふかふかで柔らかく、元々農地であったかのようである。しかしよく見ると、地面に見えるのは土ではなく、砂だ。海から運ばれてきた砂が、20センチほども地表を覆っていた。砂は水はけがいいが、一緒に肥料分も逃げてしまう。発芽の段階で、栄養分のない状態で育たなくてはいけない、という綿にとって厳しいスタートとなった。

綿の種まきは、翌年以降は苗を育ててから定植する方法もとられたが、このときはもちろんそんな余裕も設備もなく、畑への直まきだった。直播《ちょくはん》はその後も毎年同じように行っているが、次のような手順で行う。

・畑の端に、種を持った人が一列に並ぶ
・畑の端から端までロープを張る。ロープには、種をまく位置ごとに印をつけてある（このときは30センチメートル）
・その印の位置に深さ2センチメートルほどの穴をあけ、種を3、4粒まき、土をかける
・全員がまき終わったら、ロープを前に移動し、それにそって人も前進する

2011年度 荒浜
種まき

種をまいて、全員で一歩前進、少しずつ前に進んでいく。参加したアパレル企業のスタッフは、ふだんは農作業とは縁遠い生活、種まきも初めての経験というメンバーが多い。だが、「芽が出ますように、とお願いしながら種を埋めてください」との生産者の声かけに、顔をほころばせていた。「全員で一歩ずつ」の種まきは、たまたま効率のいい播種方法なのかもしれないが、何か人が惹きつけられるものがある。現地の生産者とも会話が生まれるようになって、綿に愛着がわき、また畑に来たくなる、という声をその後も多く聞く。

雑草の猛威、台風の直撃

種をまいて3週間後、7月9日に間引きがおこなわれた。この時点での綿はようやく双葉の状態で、背丈は8センチメートルほど。綿は、種をまいてから発芽までがかなり時間がかかる。2週間ほどもじっと土の中にいて、ようやく芽が出てくるのだ。この年、発芽率は5割ほどだったが、過酷な環境での芽吹きに、喜びも大きかった。

この日は再びアパレル企業からも数十人が参加し、一斉に作業した。1ヶ所に数粒まいた種から出た芽のうちから1本を残し、ほかを抜いていく。この間、雑草がぐん

2011年度 荒浜
種まきより1週間後

ぐん伸びてきているので、その草取りもおこなう。成長の遅い綿にとって、雑草は大敵だ。特にここは1年前まで稲作をしていたため、ヒエ、アワなど水田に生える雑草が多い。ワタは農作物として登録されていないので、使える除草剤、殺虫剤などがない。結果的に有機農法、オーガニックで栽培しているので、雑草、害虫に対しては人力で対処していくしかない。

一旦はきれいになったかにみえる畑だが、その後も雑草の威力が衰えることはなかった。草取りはすべて手作業、取っても取っても生えてくる。現地の生産者数人だけではとても雑草の成長には追いつけない。何度か有志を募って草取りをおこない、この年は述べ４００人が作業に関わった。真夏の炎天下の作業は思いのほか重労働で、雑草との戦いが綿栽培の大きな課題となっていった。

この頃、隣の集落荒井で専業農家をしていた高山幸一が草取りを手伝い始めた。震災後、避難所で同じ高校だった佐藤善則と再会、同級生だった今野も畑に来てこの活動をしていることを知り、来るようになった。夏の間10日ほど通い、その後10月に生産組合に正式に参加した。ＪＲ南小泉仮設住宅仲間で、後に綿花担当となる貴田勝彦も、カメラ好きを見込まれて記録要員として畑に来るようになっていた。

雑草との戦いを繰りひろげた夏、綿も成長する季節である。背丈をぐんぐん伸ばし、枝を広げ、やがてつぼみをつけて花が咲く。この年は種まきが遅かったので花が咲き

綿花より速いスピードで成長する雑草

始めたのは8月下旬だった。真っ白な花がぽつぽつと咲き始めた9月2日、「ワタの花見会」が行われた。この日は大型台風12号が西日本に接近し、仙台も大雨というあいにくの天気だったが、生産者や地元住民、プロジェクト参加企業、関係者が一同に集まり、にぎやかな1日となった。

午前中には畑の草取りが行われた。綿花は膝から腰のあたりの高さまで育ち、青々とした葉が茂っている。しかし雑草も旺盛に繁殖し、綿が埋もれて見えないほど。綿1本に対して100株くらいの雑草が生えているのでは、という印象だった。草取りは100名ほどが2時間程かけてようやく終了した。

午後からの花見会では、来賓として宮城県、仙台市、地元農協から来賓が挨拶に立った。村井嘉浩宮城県知事のメッセージが代読されたが、このプロジェクトの大きな意義、アグリビジネスの可能性への期待など、感謝と歓迎が込められ、行政からも注目されていることが感じられた。乾杯の音頭はクルック代表の音楽プロデューサー、小林武史。「関東でも九州でもなく、東北でいちばん先に始める〈東北コットンプロジェクト〉というのがいい。この産業を未来につなげよう」と訴えた。この頃までにプロジェクトは、日本航空、天衣無縫、らでぃっしゅぼーやなどが加入、参加企業は21社となった。イベントも大規模になり、メディアの注目も受けるようになっていた。

東北での綿栽培でいちばん懸念されていたのは、気候である。ワタはアメリカ南部

やインドなど、気温が高い地域で作られている印象があるが、世界的に見ると新疆ウイグル自治区など寒冷地も主要な産地になっており、北緯37度までの地域で栽培されているという。ただし日本は、海流と風による寒さの影響で、綿の北限は北関東くらいといわれていた。発起人・タビオ会長越智直正は、

「毎日仙台の気温を見て、『お願いだから気温を20度より下げないでください』と朝晩神棚を拝んでいた」と話す。日中の気温が20度を下回ると育たないといわれているためだ。

　そんな心配のなか、荒浜の綿は発芽、成長し、花も開いた。あとはコットンボールになるのを待つばかり、という9月21日、台風15号が直撃した。台風がもたらした豪雨により、仙台市の北部を流れる二級河川、七北田川《ななきたがわ》の堤防が決壊し、綿花畑は完全に水没した。収穫前のこの頃、本来はいちばん乾燥していなければならない時期である。乾燥することで硬い実がはじけ、中から綿が出てくるのだ。それが乾くどころか水に浸かっている状況に、生産者は全滅も覚悟し、海外にいた大正紡績・近藤に国際電話をかけた。近藤は、

「絶対大丈夫、綿はそんなにおしとやかではない。3日以内に水を引かせれば、絶対に復活する。経験があるからわかる」

　と応えた。その後4日間でやっと水が引いたとき、確かに一部の綿は生き残ってい

コットンボールの数で収穫量が大きく変わる

た。残った綿木には、20～30個のコットンボールがついたものもある。あとは好天を祈りながら、収穫できる日をひたすら待った。

はじめての収穫

荒浜の初めての収穫には、プロジェクトメンバーと地元住民とが交流しながら綿摘みをする「収穫祭」をおこなうことを計画していた。だが冠水の影響もあり、大勢で一斉に綿摘みをできるほどの実りは望めない。それでも生産者からは「仮設住宅のみんなを元気づけるため、またプロジェクトの理解を得るため、地元向けのイベントをやってほしい」という声があがった。そこで、綿畑の横でお祭りイベントをしながら、地元の人々にワタがどのようなものかを実際にみてもらう、ということをテーマに「ワタ見会」を開催することになった。

生産組合の佐藤正己は、綿の種まきに仮設住宅のお年寄りを連れて行ったときのことが心に残っていた。久しぶりに畑仕事をしているうちに表情が明るく変わっていった、と話す。

「玄関を開けたらすぐに土があるという長年のくらしから一転、慣れない仮設住まい

2013年になっても、荒浜では大雨になるといたるところで冠水が発生した

となってしまった。お年寄りに、土にふれて元気になってもらいたいんです」と、イベントの準備に積極的に関わった。

ワタ見会は、プロジェクトの参加企業が企画、運営にあたった。参加企業は41社にのぼり、商社、流通、運輸等々業種も多岐にわたる。屋台や縁日の企画、景品集め、仮設住宅への送迎バスの運行など、それぞれ得意分野を手分けして担当。仮設住宅を訪問して案内したり、地元の小学校を通してお知らせを配布、地域からの参加を呼びかけた。

11月26日ワタ見会当日、送迎バスや自家用車で大勢の参加者が集まった。綿栽培のことは報道などで知っているという声も多く、イベントや畑を見るのを楽しみにしていた、という一方で、移転や仮設住まいで音信が絶えていた住民同士が、震災後初めてここで再会し、喜び合う声などもあちこちで聞かれた。

「みんなバラバラになったから、ここで会えると思って」
「会議じゃない場所で会えるのがいいよな」

本来ならすぐ近くに住んでいるのに、バスや車で来る場所になってしまっている。ご近所同士の交流の場が、復興や再建計画を話し合う会議室ばかりになっていたのだろうか。回りに何もないこの場所は、わずか数ヶ月前まで町があり、生活を営む場所だった。

近隣の仮設住宅にワタ見会の案内を配って回った佐藤正己（写真右）

生産組合の佐藤善則も、荒浜で生まれ60年間住んでいた家を流された。津波到達10分前に車で避難したが、そのとき妻はなぜかデジカメだけを持っていたという。

「そんなもの、現金を持ってくればよかったのになんて言ったけど、そのデジカメはたまたまメモリ一杯にデータが残っていたんです。今から思えばそれもよかったのかもしれないね」

そのなかには、町を流れる貞山堀沿いの、満開の桜の写真があった。後に佐藤の妻は仮設住宅のブログに荒浜の思い出とともに記録を残している。

ワタ見会には、ゲストとして一青窈が訪れた。プロジェクトの活動に共感し、ライブで東北コットンの綿畑の映像を使っているという。本物の綿畑をバックに数曲を披露したなかで、中島みゆきの歌「時代」に、多くの人が涙を流していた。震災から8ヶ月、被災地ではまだ辛い時間が流れていた。

この日はじけていたコットンボールはごくわずかで綿の摘み取りはあまりできなかったが、このあと実を乾燥させないと綿が開かなくなるため、綿の木を抜く作業をおこなった。砂地になっているせいか、綿の木は思いのほか簡単に抜ける。葉を落とし、5本ずつ束ねる。これをその後倉庫に保管、乾燥してコットンボールが開くのを待った。しかし気温の低下もありなかなか開かず、12月中旬に急きょビニールハウスを設置、その後年明け1月14日に、実から綿を取り出した。

体験学習に来た中学生に農作業を教える佐藤善則

「将来みんなで花見をしよう」と佐藤らが仲間と貞山堀沿いに植えた桜（2010年 佐藤洋子撮影）

綿はコットンボールの中、4つから5つの部屋に分かれて入っている。完全に殻が開いているものはワタ状になっていてすぐに取り出せるが、固く閉じたものの中は房のような状態のままで、湿っている。しかし房を引っ張ってみると、すっと伸びて繊維になっていることがわかる。こうして取り出した綿は、生産者代表赤坂の手から、大正紡績・近藤に手渡された。荒浜の東北コットン、第一号である。

「毎年3000トンの綿を扱っているけど、それと同じくらいの重みを感じます。綿の品質もよく、みなさんの苦労が実りました。1グラムでも多く糸にすることを誓います」(近藤)

「大変中身が濃いものだから、是非いい製品をお願いします。昨年失敗した分を踏み台にして、今年こそ最高の物に仕上げたい。さらに飛躍して一大産地をめざします」(赤坂)

大きな拍手と、笑顔の記念写真で、収穫の日を終えた。

コットンボールの中には湿った綿が詰まっている

綿栽培の土台づくりと計画

プロジェクトの立ち上がりから荒浜で種をまくまで約1ヶ月。猛スピードでの準備だった。生産者は稲作中心の農家と被災してまもない人々であり、震災前は会社勤めで農業に不慣れなメンバーもいた。また、水田だった場所を別の作物を作る農地にするにあたっての調整や、誰も育てたことのない綿花の研究など課題は多かった。綿花栽培の技術や具体的な方法については、大正紡績・近藤がアドバイザー役として、経験や知識をそのつど生かした。現地の農業分野での細かい調整を行ったのは、名取ではタビオの島田であり、荒浜は全農の小里だった。

小里は最初に綿栽培の提案を受け、赤坂のイーストファームみやぎへの提案をおこなったが、その一方で、県や全農の試験場に、試験栽培を依頼した。

「最初の提案は、除塩したいということだった。でも、元に戻しても新たな価値は生まれない。どうせみんなで協力してやるなら、この地域で農業をやっている人、ここで生まれた子どもたちが、自分たちはここでこんなことに挑戦して成し遂げたんだ、と自慢できるような事業にしないと」

との考えが小里にはあった。綿栽培は津波被災地の復興支援として将来的な事業化をめざす。そのために初年度、次年度は「試験栽培」をして事業化を判断する。そこで荒浜、名取の実圃場のほかに、宮城県やＪＡグループ内の協力を得て実証データをとるための試験栽培を進めた。

試験栽培を依頼したのは、宮城県農業試験場、ＪＡ仙台東部営農センターである。県試験場は１００平方メートル、ＪＡ仙台は０・４ヘクタールで栽培、発芽、開花、収穫などの試験をおこなった。1年後の報告によると、「7月中旬までの開花、開絮《かいじょ》始期は9月、収穫終期が10月末、のサイクルが必須という結果。早生品種での導入が不可欠という判断」（県農業試験場）、「除塩効果を確認後、後作物（菜種）を植えた。菜種は順調に生育。直接播種の場合、5月20日以降ではないか」（ＪＡ仙台）などの報告があがり、荒浜、名取の生産者にも情報共有された。

これらを受けて小里は、「栽培管理を適切に修正すれば、宮城県沿岸部でのワタ栽培は可能、国内外から製品への期待度が高いことから事業化できる」と判断した。ただ、これまでワタは栽培作物として認知されていないために使用可能な農薬がなく、害虫や雑草対策は手作業となっていた。事業的規模で栽培するには、除草剤、殺虫剤が不可欠であるとの認識のもと、小里は適用可能な農薬の多くを販売している住友化学にプロジェクト参画を依頼し、農薬登録取得に向けた取り組みを開始した。住友化学は、仙台平野の特徴に合わせて使用検討するため現地で雑草や害虫の状況を把握、登録に必要なデータをとる試験を実施した。通常、農薬をあらたな作物に適用するには費用

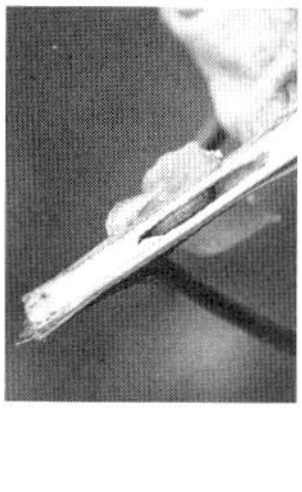

ワタの害虫オオタバコガ。幼虫が茎に入り込むと深刻な被害をもたらす

も時間も膨大に要するところ、行政、試験機関の支援もあり短期間で除草剤2剤、殺虫剤3剤[*3]が使用できるはこびとなった。同社アグロ事業部開発・マーケティング部（当時）大屋滋は「被災の実態に直面し、私たちがお役に立つことができる、大変貴重な機会をいただいた」とプロジェクト参加の意義を語る。

このような取組みのなか、2年目である2012年は経済産業省「地域経済産業活性化対策費補助金（先端農商工連携実用化研究事業）[*4]」の助成を受けることとなり、本格的な事業へと向かっていった。綿を転作作物として認めてもらう交渉をしつつ、試験栽培期間3年間は、プロジェクト事務局より綿花栽培試験圃場代を荒浜と、後に栽培を始める東松島に支払う体制を作った。これにより、イネ同等以上の収益、10アールあたり10万円をめざすこととなったのである。

規模の拡大と、人々の関心

手探りでおこなった1年目の経験と反省を生かし、2年目は事業化に向けて収量をあげるため、荒浜では栽培面積を大幅に増やすことになった。当初の目標は10ヘクタール。1年目の10倍である。そのためには土地を確保しなければならず、綿畑近くの農

＊3 除草剤2剤、殺虫剤3剤
除草剤はフルミオWDG（住友化学）、ナブ乳剤（日本曹達）、殺虫剤はディアナSC、エスマルクDF、ダントツ水溶剤（以上住友化学）が2013年より綿花に使用可能となった。一部除草剤については、チーム生産者に使用方法を説明するとともに住友化学が無償配布している。

＊4 「地域経済産業活性化対策費補助金（先端農商工連携実用化研究事業）」
東日本大震災により被災した地域等において、民間事業者等が、被災地域のニーズに即した、商業・工業の先端的な技術やノウハウを

地所有者に土地の提供を依頼することから、2年目が始まった。

仙台市では、津波被害により耕作ができなくなった農地に対しては、休耕補償として10アールあたり3万円が支給されることになっていた。しかし農地として生産を始めるとその補償がなくなってしまうおそれもあったため、貸し出しをためらう人も当然ながら多かった。そこで市からの休業補償金、または転作奨励金などが支払われなかった場合は、補償額と同額の3万円を契約保証金として支払うという提案をして、土地の契約を進めていった。最終的に確保した土地は7・4ヘクタール。生産組合には、事務局として菅原博が加入、栽培記録や事務方一般を受け持つことになった。組合員11人、その他繁忙期農作業アルバイトとして12名が参加し、生産体制も整えていった。

種まきは前年より1ヶ月半早く、5月上旬をめざしたが、豪雨で用水路の水位が一杯になり圃場の水が引かなかったため、予定より1週間遅れの5月19日に実施。雑草対策に生分解マルチフィルムをしいた畑は、本格的な農地の様子となっていた。

この日はプロジェクト内だけでなく、宮城県内外から300人もの参加があった。地元の大学やボランティア団体の募集など、色々なきっかけで大勢が集まってきた。その後も荒浜には、自主的に参加する人が徐々に増えていった。1月から生産組合員になった貴田勝彦は、この頃からそういったボランティアの窓口になり、「キダじい」と呼ばれるようになっていた。綿花栽培や仮設住宅のことなどを綴る「キダじいのブ

用いて農林漁業と連携したシステム等の実証及びビジネス化等を行う事業に要する費用の一部を補助する事業。経済産業省、平成23年度の補助事業。

ログ」や、後にはフェイスブックも利用、若い参加者からも親しまれ、キダじいファンを増やしていった。

順調に滑り出したかに見えた2年目であったが、その後は1年目にも増して難題続きだった。

まず、前年にくらべても発芽率が低く、6月末に4ヘクタールで種をまき直した。畑の土が前年の砂地状態とは違い、硬い土のかたまりがごろごろしている状態だったのが発芽に大きく影響していたとみられる。海水に含まれるナトリウムが土に残って、そこに雨が降るとコンクリートのように硬くなってしまうのだ。

前年にもっとも苦労した雑草を減らすため施されたマルチフィルムも風で飛ばされるなどで、結局雑草の威力は前年と変わらなかった。朝取っても夕方また生えてくるような雑草が、7ヘクタールの綿畑に猛烈に増殖。排水設備が復旧していないため畑がぬかるんだ状態が多く機械を入れにくいので、畝の間の雑草を刈り込む中耕もできない。夏の間、近くの岡田地区にある「津波復興支援センター」から派遣されたボランティアはじめ、近隣の中高校生・大学生、プロジェクトメンバーなどが毎日入れ替わりで草取りをした。記録を見ると、6月132人、7月361人、8月166人、9月341人が参加。栽培期間通すと延べ1640人のボランティアが手伝ったことになる。

雑草のほか、害虫の被害も発生した。荒浜ではまだほかに耕作をしているところがないため、雑草も綿畑に集中し、結果的に害虫も集まってしまう。綿は油脂も糖分もあるので、害虫の格好の標的だという。多く見られたのはオオタバコガという蛾の幼虫。トマトやナスなどの野菜にもつくが、東南アジアでは綿の害虫として知られている。花から実に入りこんで中を食べてしまい、そこから上の部分が枯れてしまっているものがかなり見つかり、害虫対策も翌年以降の課題となった。

雑草と害虫に予想以上に苦しめられ、綿が成長できない部分も出てきた。7・4ヘクタールに拡大したうち、収穫できたのが2・7ヘクタール。結果的に、半分以上の畑で綿が雑草に負けてしまい、栽培を断念、収穫量は目標を大きく下回った。

農業生産法人、荒浜アグリパートナーズ誕生

2年の綿栽培を通じて、荒浜の生産者たちにも変化が生まれた。栽培場所である荒浜の住民たちがより自主的な農業再建をめざし、新たな農業生産法人として独立することになったのである。仙台東部地域綿の花生産組合のメンバーが中心となって、2012年11月に株式会社荒浜アグリパートナーズを発足、活動を開始することに

なった。綿花のほか、稲作、大豆、野菜のハウス栽培などで、地域の農業再生をめざす法人である。新会社には、生産組合員のうち6人が参加、代表には渡邉静男が就任した。畑の傍らにプレハブの事務所や、農具を入れる格納庫、ビニールハウスも2棟建て、本格的な農業への体制が整い始めた。

　新会社として初めておこなう綿花栽培は、面積2・2ヘクタール。拡大しすぎて育てきれなかった昨年度の反省をふまえて計画した規模であった。今度はハウスで苗を育ててからの定植もおこなうことができた。除草剤、殺虫剤の適用拡大を受けて、一部の畑には、綿が成長する6月末まで雑草を抑えるという除草剤を散布した。荒浜地区もようやく一部で用排水設備が復旧し、稲作も再開できることになった。震災からの復興、雇用の創出、という当初からの目的が形になり、ようやくプロジェクトが軌道に乗り始めたことを誰もが実感していた。

　会社初年度の荒浜アグリパートナーズは、綿の種まきと同時期に田植え、夏はきゅうり、ナス、トマトなど野菜を栽培、秋は稲刈り、冬野菜の準備などのほか、仙台市内の販売所やイベント会場での直売等々忙しさを極めた。生産者たちと話すと「法人である以上、収益を追求しなければ」と、よくそんな答えが返ってきた。綿栽培にしても「プロジェクトに甘えてばかりいられない、自分たちでできることをしないと」と。農薬や機械の導入で、手をかけない栽培をめざしていた。

荒浜アグリパートナーズ発足時（2013年5月）

それらの諸条件は、残念ながら綿の収穫には結びつかなかった。除草剤の効果を生かしきれず、雑草はそれまでと変わらず繁り、綿の成長を阻害した。栽培3年目にして、ほとんど育っていない畑を前に、プロジェクトメンバーも落胆を隠せなかった。やはり東北で綿は育たないのか、事業化するのは無理なのか、そんな声もささやかれた。しかし、「荒浜での綿栽培」は、プロジェクトの事業としてだけではなく、地域の中で確実に根付き始めている。

荒浜の畑は、人がたくさんやってくる場所になっている。種まきに参加してリピーターになったり、プロジェクトに興味を持って訪れる人が絶えない。近隣の小中学校をはじめ、この夏は関東の大学から大勢が参加して草取りなどを手伝った。1度来た人がまた訪れ、〝綿花応援隊〟ができつつある。それは生産者にも伝わっている。「綿がなかったらこれだけの人は集まらなかった。これからも長く荒浜アグリパートナーズのシンボルとして、名刺代わりに形を整えていきたい」（渡邉）

「これまでは毎年違う条件でやらざるをえなかったけど、来年はこれだったらできる、というのを見つけていきたい。思いの共有をできる人をどんどん増やして、若い人があれをやりたい、これをやりたい、と思える土壌づくりをしていきたい」（貴田）

震災から3年目、念願だった稲作を再開。農家として、やっと復旧の第一歩を踏み出した。地域の営農も徐々に再開し、田んぼや大豆の畑が広がるようになった。収穫

ボランティアのバスに手を振って見送る荒浜の人々

祭では、とれたての新米と野菜で生産者の妻らが用意した昼食がふるまわれた。仮設住宅から、ようやく移転できる見通しが立ったメンバーもいる。農場にも近い場所の公営住宅に入ることが決まった松木は、「これでようやく腰を落ち着けて仕事ができる」と話す。

地域の農業生産法人として圃場整備を進め、機械を導入したオペレータ型農業のノウハウも必要になってくる。若い農業研修生の受入れも始まった。貸し農園やハーブ農園などができないか、などのアイデアも、綿をきっかけに生まれている。

2014年、いよいよ本格的に大規模な稲作が始まった。受託した8ヘクタールの農地は、8割が震災以降初めての作付けだという。それらの土地を耕すと、まだがれきや石が出てくるそうだ。田植えが終わるとようやく綿花の種まきである。荒浜も、荒浜の綿花も、ここからが本当のスタートである。

名取と綿花

まず耕すために綿花を

名取市は、宮城県のほぼ中央、仙台市の南側に位置する。名取川・阿武隈川に囲まれた肥沃な土地で、一面に水田がひろがる農耕地帯である。その平坦な土地を、津波が襲った。「名取市における東日本大震災の記録[*5]」によると、津波は海岸から最大約5キロメートルまで侵入、ほとんどは一旦仙台東部道路で堰き止められたが、交差道路から西進して道路の西側まで達した。河川ではさらに遡上し、河口から約8キロメートルの東北新幹線の高架付近まで浸水域が達しているとの報告もある。特に被害が大きかった閖上・下増田地区は標高が2〜3メートルしかなく、付近には閖上の日和山以外小高い丘程度のものもない。住民が避難可能な鉄筋3階建以上の建物は、高校や小・中学校の校舎、仙台空港ビルなどの4〜5か所しかなく、多数の方が犠牲になった地区である。

＊5
「名取市における東日本大震災の記録」
名取市公式サイト内
http://www.city.natori.miyagi.jp/soshiki/soumu/311kiroku/index

畑で育てた綿花の木を切り取り、ハウス内で逆さに吊し、乾燥させて開かせていた

耕谷アグリサービスは、名取市の下増田地区、海岸から約4キロメートルに位置する。建物の崩壊こそ免れたが、遡上した津波が農地の9割に及んだ。田畑は完全に水没、事務所兼農作業場も浸水し、トラクターなどの農機具も破壊された。耕谷アグリサービスは従業員8人、年間売上額1億円超という名取市では有数の大規模農業法人である。2003年の法人化以来一度も赤字を出さずに来たが、震災により農家が農業をできない、米を作れない、という状況に陥った。そんななか、ほとんど飛び込みでやってきた話に半信半疑で応じたところから、綿花栽培が始まった。

最初は、お互いにはっきりした話ではなかった、と当時の専務、現在代表の佐藤富志雄は話す。

「100パーセント作れるというのではなく、もしかしたら綿だったら作れるかもしれない、というご提案だった」

佐藤は経営的な責任を持つ立場にいたため、経済的なベースをまず考えた。法人で社員もいるのだから、夢やロマンだけではできない。しかし、稲作ができず農機具もない状態のなか考えた。何もできないのなら、まず耕すということが第一段階。とりあえず行動しようという結論を出した。

「綿を植えるには、まずがれきを撤去したり、耕したりしなければならない。そうすると農地に見えてきますよね、中身は塩害であっても。それでスタートしたんです」

実際にはじめるにあたって、タビオ・島田からは「当初はほんとに小面積でいいから」と言われ、どれくらいが大きいか、小さいのかも判断がつかなかったというが、「手作業だというし、初めてのことだし、試験的に」というスタートだった。

島田の突然の訪問から約3週間後の5月27日、タビオの社員と耕谷アグリサービスのスタッフで、まず圃場1枚分に播種。タビオが奈良の広陵町で育てていた種である。1ヶ月後に発芽したのを確認して「これならいけるかもしれない」と、6月17日に2枚目の圃場に種をまき、合計40アールで栽培することになった。

若い綿花栽培担当者たち

佐藤は、当初から経営的な判断をしながら進めていた。

「どうせやるのであれば、わたしらが主体な気持ちをもってやらないと、なかなかいい結果は出ないだろう。会社的な方針も、ガバナンスというものを認識して、自分が主体的に行動しました」

「当社としては身の丈に合った責任の取れる範囲内で綿づくりをやりましょうと。スタッフとも相談したら、1ヘクタールくらいが適当だろうということになりました」

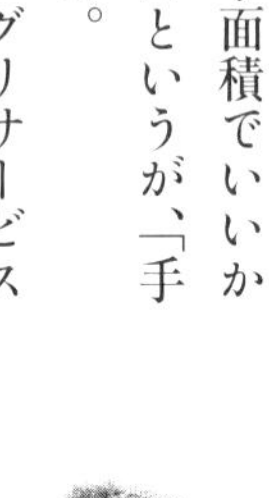

耕谷アグリサービス
佐藤富志雄

佐藤の口からは、経営者らしいことばが次々に出てくる。綿花栽培には若い社員を担当者に指名し、作業をまかせた。経営者として冷静に取り組んでいる、という印象がある一方、栽培を通しての変化についても語る。

「あの荒野に青い芽が吹いた。それを見て気持ちが変わってきました。花が咲いて、コットンボールがついて、綿をさわると、あったかいんですよね。それに、色が純白、真っ白でしょう。わたしらも被災者で、何かこう、感慨深さを感じたのね。綿を作った圃場のまわりも、犠牲になって横たわっていた方がいたわけで、そんなことを思うと、涙腺が弱くなってしまうんです」

種まきや収穫、イベントなどでこの話をするたびに言葉を詰まらせる佐藤の姿を何度も見た。「現実は現実として受け入れ、前向きに前進するにはどうしたらいいか。この状況の中でやれる人がやらないとだめだ。ポジティブに、モチベーションを上げてやろう」。もしかしたらそういう考えも、綿からもらったのかもしれない、と言う。

「3月11日のあの震災を風化することなく、犠牲になった人の鎮魂の意味を含めて綿を育てていきたい」

その思いは耕谷アグリサービスの綿花栽培の根底に流れ、実際の栽培にも生かされている。

名取の綿花栽培は、スタートから3年、ほぼ同じ規模を保ち、栽培経験を翌年に生かしながら少しずつ収穫を増やしている。栽培についてはタビオ島田が継続して助言し、名取への訪問は3年間で40回を超えたという。奈良県広陵町とは綿花を通じて交流ができ、草取りや収穫などには広陵町復興支援隊として、バスを貸し切って名取を訪問している。

名取の綿花栽培は、3年間次のように推移している。

２０１１年　面積40アール　収穫約50キログラム
２０１２年　面積１ヘクタール　収穫約１００キログラム
２０１３年　面積１ヘクタール＋ビニールハウス１棟　収穫約１５２キログラム

収穫量は徐々に増えており、順調にすすんでいるようにみえる。しかし、栽培は必ずしもすぐに軌道にのったわけではない。2年目、当初たてていた目標はこの10倍の量だった。収穫量をあげるためにさまざまな研究をして徐々に改善し、3年目に見事な実りを迎えたことは、プロローグでもふれたとおりである。この裏には、綿花栽培担当者たちの努力があった。

綿花栽培を担当したのは、耕谷アグリサービスの社員、佐々木和也と佐藤範幸である。2年目は2人で、3年目からは佐々木がおもに担当するようになった。

佐々木は当時、入社4年目。家は仙台市内のサラリーマン家庭だが、宮城県農業高校を出て農業の専門学校に2年行き、自然を相手にする仕事をしたいと思っていた。

若い社員が多い耕谷アグリサービス 佐々木和也（写真右）佐藤範幸（写真左下）

最初別のところで働いていたが、高校の同級生が耕谷アグリサービスで働いていたことをきっかけに、入社した。震災の日は、事務所にいて収穫した苺を配達に行こうとしていたときに地震が来たが、30、40分後に自宅に戻ったので、津波には遭遇しなかった、自宅は仙台駅に近く被災はなかったが、翌日、会社が心配で車で向かい、初めて水とがれきで埋まった田んぼを目の当たりにした。

佐藤範幸は、震災後の8月に耕谷アグリサービスに入社した。3月末に前の会社を退職することが決まり、休みで会社のすぐ近くの実家にたまたま戻っていたときに、地震に遭った。家は残ったが倉庫が1メートルほど水をかぶり、その日も母親と祖母を車に乗せて朝まで過ごしたという。被害が大きかった閖上近くの親戚の安否を確認するなどして、しばらく実家に留まり、耕谷アグリサービスで復興の手伝いをするようになり、社員にならないかと誘われた。佐藤も宮城県農業高校出身で次は農業を、と思っていたので入社することになった。

2人とも農業高校出身だが、佐藤は入社したばかり、佐々木はそれまで米、大豆のほか苺、キャベツなどを担当、食べられない作物を作るのは初めてだった。

社屋に近い1haの土地で栽培される綿花

試行錯誤、工夫と研究

初年度、手探りで栽培し、ある程度の収穫を得て、翌年から本格的に佐々木、佐藤が綿花を栽培した。１ヘクタールに面積を増やすことで、いちばん苦労したのは発芽、そして排水対策だった。

2年目の名取は荒浜と同様、ゴロゴロして手でも潰れないような、硬い土壌になっていた。塩化ナトリウムなどが付着した土は、水をかけて下に浸透していっても乾くと浮き上がってくるという繰り返し。いかにそこに根付かせるか試行錯誤した。特にひどい土壌の圃場に綿と、やはり塩に強いアスパラを植えた。

名取では2年目から苗を育ててそれを畑に定植する方法もとった。最低気温が12度ないと育たないという話を聞いたため、4月初頭からビニールハウス内で灯油ヒーターを使って加温しながら育てた。播種は5月12日に行ったが、このときの気温はもっと低かった。植物は適当な気温と適当な湿度とがヒットしないとうまくいかない。綿は成長スピードが遅く、天候に左右される。ある程度大きくなれば気象的な条件はあまり影響してこないが、芽吹き段階の気候がその後の成長にも関わってくる。

綿は水に弱いので、排水対策にも万全を期した。まず回りに水路を作り、さらに畑の土の中に、横に8センチメートルくらいの穴を掘ってそこから横の水路に排水す

岩のようにゴロゴロとした土の隙間に苗を植え付けた

Callaway
HARLEY-DAVIDSON

る「弾丸暗渠」というしくみをつくった。ほかの作物にはほとんどやらないそうだが、除塩するにあたって、そういった工事を周辺の農家でやっていたということを聞き2人で相談してやってみようということになったという。元々水はけが悪い土壌で、排水路も津波で詰まっていたが、植えた直後に台風があり、雨の中必死で作業した。

雑草は、荒浜同様最大の難題だった。記録によると、2年目の除草作業時間は275時間。名取では、基本的にボランティアは頼まず、作業はスタッフだけで行う。手を回せる人数が限られているので、草取りのときは朝早く出てくるなど、時間調整をしながら作業にあたった。

この年は木の生育が予想以上に旺盛で、隣り合った木の広げた枝葉どうしが重なってしまった。このため風通しや日当りが悪くなり、朔果《さくか》（コットンボール）になるのが遅れる、ということもわかった。畝間にも枝が伸びていったため、ロータリーを入れて土を寄せていく中耕もやりづらくなってしまう。その作業をしやすいように、畝の間隔を広げて効率を上げるという課題も見つかった。

こうして木は成長するものの、いつまでもコットンボールが開かず、収穫ができないという状態が続いた。遅くまで植えていると霜が降りて根腐れしてしまう。木が生えているときに綿が開かないと、綿木の抜き取り、ビニールハウスへのしまいこみ、コットンボールの乾燥、綿の取り出し、と作業が増えてしまう。2年目は収穫作業に延べ975時間かかったうえに、場所が確保できず乾燥が遅れて、結果的に半分以上腐らせてしまった。

綿の栽培は手間がかかる。1年経験して、2人の担当者は実感した。しかし大変だからこそ、発奮し、モチベーションもあがっている。

「手間がかかる分、花が咲いたとき、綿がとれたとき、ひとつひとつの喜びが大きいんですよ。綿がどういうものか、やっと今になって分かってきたような感じです。需要者がどういったニーズを持っているか、そこからまず勉強しなければならなかったので。やはり求められている物を求められている通り作るというのがいちばんですから」（佐藤）

「作っているときは、つらいですよ、正直。毎日毎日鎌を持って草取りをして、もういやだ、と思うこともあるけど、目に見えて大きくなっていくので、ああ成長しているんだなと思ってうれしくなります。それにプロジェクトのみなさんが集まってくれて、喜んでくれる。もっと綿をひろめていくために、収穫して製品にするほかに、たとえば苗そのものを販売したらどうだろう、などと思っています」（佐々木）

2人の口からは、栽培の体験談や綿への思いが次々に出てくる。栽培記録[*6]もていねいにつけられ、次年度にいかせるようなしくみになっている。経過をみていくと、次はもっといい成果があがるのでは、と期待するに十分だった。

＊6
栽培記録
名取の綿花栽培について、佐々木がブログ「耕谷アグリの農作業日記」で紹介している
http://koya-agri.cocolog-nifty.com/blog/

東北での綿花栽培の可能性

3年目、2013年度の佐々木の目標は、「開花の促進」だった。前年、収穫が12月近くまでかかったことで綿が出来る前に腐らせてしまったことをふまえ、すべて1ヶ月前倒しの計画を立てた。11月上旬の収穫をめざして、開花、朔果ともに1ヶ月早くなるように取り組んだ。

種まきは、前年の5月12日頃では早すぎることがわかった。5月半ばだと、気温は適しているが風が冷たく、発芽に時間がかかる。そこで、小さいトレイでの育苗や直播のほか、この年は少し大きいポットでも育苗した。畑には地温を上昇させるためにビニールマルチをしいた。そこに定植したものはやはり開花が早く、過去2年、8月3日〜4日だった開花日が、試験的にポット苗で育てたものの開花は、7月13日ころと3週間ほど早まり、綿になったのも1ヶ月くらい早くなった。

天候を見ると、前年に比べるとこの年の方が平均気温は低い。また100ミリの雨が振るなど降水量が多く、梅雨も長かったので、気象条件としてはよくなかった。せっかく気温が上がって、さあこれからぐんぐん伸びるぞというときに梅雨がきて1ヶ月雨が続き水に浸かってしまった。それでも生育が早かったのは、栽培法の効果があったと考えられる。

試験栽培を行ったビニールハウスでは、1本あたり露地の10倍の収穫があった

この年から適用拡大になった農薬については、殺虫剤のみを数回使用した。使ったのは微生物由来のエスマルクＤＦと、アブラムシに効果のあるダントツ水溶剤。やはり虫は綿が好きなのか、アブラムシが大量に発生したそうだ。雑草は変わらず多かったが、除草剤は使わず、雑草対策としてマルチフィルムをしき、植える間隔を前年の2メートルから2・8メートルに広げた。成長すると摘心《てきしん》し、支柱を立てることでまっすぐ成長した。マルチのおかげで木の回りの雑草は気にならない程度になり、間隔を広げたのでトラクターのロータリーを入れることができて、作業効率があがった。

1ヶ月生育が早まり、コットンボールも9月中旬からつき始めた。しかし、10月になり収穫を終える前に霜注意報が出て、木を切らざるを得なくなった。根元から切り、ビニールハウス内にロープをわたし、そこにかけて干す。ハウス一杯にかけられた綿木のコットンボールが次々に開き、圧巻の光景だ。しかし、ここで開いていくのを待ち、実を取り出していく、という作業は大変な手間と時間がかかることを物語ってもいる。

「収穫するのがいちばん大変」と佐々木は言う。綿用の刈り取りの機械も海外では使っているが、この小面積では機械を入れるまでもない。かといって、気候的にぎりぎりまで畑で成熟させて、11月になったら一気にとってしまいこむというのも、なかなか難しい。名取ではこの年、ビニールハウスでの試験栽培もおこなったが、こちらは10

月中旬にはすでに満開になっていた。佐々木は「結局中で干すなら、ハウス栽培を広げて、逆に外で生育させる試験をした方がいいのかな」とも話す。

みごとな実りを見せた名取の綿花畑。東北で綿が育つことを、名取が証明してくれたといえよう。しかし、栽培方法はまだまだ進化の途中のようである。次年度については、カバークロップ（通路などに邪魔にならない草をまき、雑草抑制と害虫の天敵昆虫を増やす効果を期待）、緑マルチ（地温上昇効果）など、新しい試みを検討していた。「うちの今の考えは、とにかくたくさん採ることではなく、細く長く、効率的に手間かけない方法を考えていきましょうということ。みなさんに手伝ってもらったり支援してもらって、何を恩返しできるかなというと、継続して作っていくということ自体がいちばんの恩返しだと思うのです」

そう話す佐々木の今後の目標は、「宮城県での綿花栽培の可能性をひろげること」だという。ほかの生産地にも目配りをし、「荒浜も同じ気持ちでやっていると思いますよ、ボランティアさんたちとの交流をメインに継続してやっていきたいということでしたから」と話す。宮城県が綿の産地になるということは、夢物語ではないのかもしれない。

東北で綿花が育つことを実証した耕谷アグリサービス

〈コラム2〉

日本の綿花栽培

ところで、日本において「綿」とはどんな存在なのか。取材中、「日本ではほとんど綿は作られていない」「綿花は１００パーセントが輸入」「ワタは農作物として認められていない」といった話を繰り返し聞いた。たしかに綿が栽培されているところを見たことはないし、植物であることを意識している日本人は多くはないだろう。とはいえ、昔の日本人は着物を着ていたし、その反物は日本で織られ、原料も国内で生産していたはず。そこまでの想像はできるものの、どこでどのように作られていて、そしていつ頃から作られなくなったのだろうか。

「綿」というと、今ではもちろん木綿、コットンを思い浮かべるが、古来の日本では蚕の繭などから製したものも「絹綿」「真綿」と呼ばれていたという。綿が木綿を指すようになったのは、綿花が伝来し、木綿が普及するようになった平安時代以降のようである。

日本への綿の伝来は諸説ある。8世紀に漂着したインド人が持っていた、平安朝初期に中国から貢物として贈られてきた、戦国時代に朝鮮半島あるいはポルトガルより持ち込まれた、といった記述が文献に残っているという。日本で栽培が始まったのは15～16世紀の頃からで、河内、三河、大和などに定着した。やがて西日本に徐々に広まり、寒冷地を除く全国で栽培されるようになった。17世紀後半、庶民の衣料として木綿の需要が増大すると作付け面積が拡大し、栽培がさかんだった河内や大和では、田畑での綿の作付け率が30～60パーセントにのぼっていたという推測もある（参考『綿と木綿の歴史』武部善人1989）。綿が稲作と並ぶ重要な農作物だったことがわかる。

当初は自家用に栽培し、農家の女性が繰綿《くりわた》・紡糸《ぼうし》・機織《はたおり》をしていたが、生産量の増加に伴い次第に商品化していく。飛脚が農家を回って綿を集め、綿繰屋《わたぐり》に持ち込むようになり、次第に仲買人、問屋、小売り商人が登場する。綿繰問屋は取引拠点として遠方にも販売し、地域市場が発展した。また、専業化した織元《おりもと》が農家の女性に糸や織機を与えて布を織らせ、賃金を払うようになり、農家にとって貴重な現金収入となった。布を織る織機も進歩して、江戸時代末期には数十台の織機を集めて工場形態をとるところも多くなった。

こうして300年あまりの間にさかんになった日本の綿花栽培だったが、明治時代に入り状況が一変した。鎖国が解かれ貿易が始まり、海外から大量に綿が流入してきたのである。明治元年の木綿類輸入価額は総輸入価額の39・5パーセントと、綿は輸入品目のなかでも突出していた（『ファッションの社会経済史　在来織物業の技術革新と流行市場』田村均2004）。明治初期に動力織機が発明されるとともに、海外から機械性紡績の技術が導入されて各地に洋式の紡績工場ができると、従来の手紡ぎ手織りから、近代化工業化へと移行。機械紡績に適している輸入綿で良質の綿糸が供給されるようになった。輸入に頼っていた綿織物だが、明治中期に生産量が上昇して輸出も次第に増加、繊維業は輸出産業として隆盛を誇った。その一方で、繊維が太く短く機械紡績に不向きな和綿の栽培は急速に衰退。日本での綿栽培はやがて途絶え、綿は100パーセント輸入という状況になった。日本の主要な輸出産業だった繊維業界も、オイルショック、プラザ合意後の円高、バブル崩壊を経て製品出荷額が激減、現在はピークだった1991年の3分の1以下になった（参考　経済産業省「繊維産業の現状及び今後の展開について」平成25年）。安い輸入衣料の流入、ファストファッションの進出、デフレによる低価格化などで、国内繊維業界は苦戦を強いられている。しかし一方では大量生産、大量消費への疑問、エコロジーやエシカル、オーガニックへの興味が高まってきた。その気運が、綿の生産に結びつきつつある。いったんは消えた綿花の栽培が、今日本各地で静かに動き出している。

国内で綿花栽培をする団体の交流の場として２０１１年に始まった「全国コットンサミット」では、国産木綿の復活による新たな繊維産業の展望を切り開くことをめざして、栽培者が情報交換をおこなっている。年に１回のサミットでは、地方自治体や企業、個人や有志のグループ、大学などで綿栽培を試みる人々が集まる。地域伝統の和綿の再生や、オーガニック栽培、町おこしや教育の一環、耕作放棄地対策などきっかけはさまざまであるが、栽培は徐々に広まっている。全国コットンサミットが実施した主な栽培者へのアンケート調査「綿花栽培及び国産木綿の製品化等に関するアンケート」によると、２０１２年の全国の綿花栽培面積は12・３ヘクタールで、網羅できていないその他の栽培面積も加えると約20ヘクタールあたりと推計できるという。国内の綿花栽培に関しては、栽培面積が減少したため農業関連の統計データから削除され、現在栽培面積を推し量るデータが存在しない。そこで同サミット実行員会では、栽培者、団体等に栽培状況アンケートをおこない、綿花栽培のデータの蓄積をめざしている。

自給率ゼロ、存在が認められていなかった日本の綿花が、わずかながら再生を始めているようである。

第 3 章

綿から服へ
「商・工」

綿が服になるまで

糸から生地、製品へ

綿の種をまき、育て、実が弾けて綿がとれた。そこからは、農業生産者の手から、紡績・繊維産業へとバトンタッチされる。あのふわふわした綿から、どのようにして服やタオルになるのだろうか。初めて綿花を栽培した宮城の生産者はもちろん、アパレル業界にいても、なかなかその工程を見る機会はないため、プロジェクトでは紡績工場、縫製工場の見学会を数度おこなった。

紡績の工程は、まず種と綿をわける綿繰り、ジニングから始まる。摘み取った綿を機械に入れると、上に種が残って、下から綿が出てくるというしくみである。種が取られた原綿は、混打綿機に投入されてゴミなどを除きながら、ほぐされ、かたまりから太く長いヘビ状に伸ばされる。さらに梳綿機、精梳綿機、練条機と機械を次々に経てどんどん細くしていき、次の粗紡機でうどん程度になる。その後精紡機で1分間に

012

1万2000回転という速度で一気によりをかけて巻き取ると、見慣れた糸の姿になってくる。

このなかで、ジニングという綿繰りの工程は、通常日本では行われていない。現在日本で生産されている綿製品の綿はほぼ100パーセントが輸入であり、輸入されるのはすでに種をとった状態であるためだ。摘み取った綿花の重量のうち、種の部分が6割。運送コストを考えれば当然軽くした方がいいわけで、綿の生産地でジニングを済ませ、綿の部分だけが輸入されてくる。そのため、ジニングのための機械が日本にはない。しかし今回東北コットンを育て、国内で紡績するにあたって、ジニングの工程も必要になるため、紡績を担当する大正紡績は、ジニング機を海外から輸入した。長繊維綿・超長繊維綿に適したローラージンタイプで、幅高さとも1メートル強の比較的コンパクトな機械だ。1時間で20キロ、1日で290キロほどの生産ができ、このプロジェクトに十分対応できる機能がある。工場見学には荒浜・名取の生産者が参加したが、実際に自分たちが育てた綿をジニング機にかける体験も行った。

糸ができるとその後は生地を作る織り、編みの工程に進む。織物は経糸《たていと》に緯糸《よこいと》にを交差して織られる。編物は、円筒状に編む丸編み機でTシャツやジャージ、横編み機でセーターなどが作られる。それぞれに複雑な準備工程があり、さらにその後染色の工程では、洗い、漂白、染色、色止め、乾燥などの加工をほどこして、生地として

大正紡績に導入されたジニングの機械

出荷される。生地を使う用途、種類によって製造方法も異なるが、リー・ジャパンが製造した東北コットンデニムの場合は次のような工程で製造された。

デニム生地は経糸と緯糸からなるが、東北コットンを使うのは緯糸である。1年目は5パーセント、2年目の自社商品は2パーセントをウガンダとインドのプレオーガニックコットンに混ぜた。糸になったあと、まず緯糸だけが染色の工程にすすむ。緯糸は広島県福山市にある坂本デニムで染められた。その後、両方の糸が岡山県井原市の織工場、日本綿布に送られる。ここで経糸と緯糸がデニム生地に織られ、生地の仕上げまでおこなわれる。生地の次は縫製である。プロジェクトでも見学に行った宮城県栗原市の東北タクト、その他秋田県の自社工場で断裁、縫製された。ロールになったデニム生地を数十枚に重ねた状態でカット、その後型紙に合わせて電動カッターでパーツを裁断。各パーツ、ポケットやタグ、ネーム付けなどの工程を経て、ジーンズの形ができあがる。さらにその後、洗いの工程に進む。水で洗う、軽石でこする、塩素で色を落とすなどの加工をすることで、独特の風合いを出す。そこでようやく製品として完成する。

リー・ジャパンの関連会社東北タクトでの断裁

大正紡績 スピニング工程

東北コットン製品化のしくみ

東北コットンプロジェクトには、生産者、紡績、織維、小売りなどの企業、団体がある。これらの企業が綿から製品の生産、販売までに携わるためのしくみとして、次のようなスキームが作られている。

まず、生産者が収穫した綿は、全量大正紡績が買い取る。大正紡績は、アパレル各社の希望する量、番手（糸の太さ）に応じて糸を紡績、アパレルメーカーがその糸を買い取り、独自に商品を作り販売する。販売する商品には「東北コットンプロジェクト」ブランドを表すために紙タグを付けることが条件となっているが、その紙タグは、プロジェクトの事務局であるクルックが製作、商品1点につき1枚をアパレル各社に販売、その売上をプロジェクトの運営費用に充当する。このしくみを基本に、プロジェクト内で毎年検討しながら商品生産を行っている。

プロジェクトが始まった当初、福島第一原発事故による放射能の影響を不安視する声が高まっていた。東北で綿を栽培し製品を作ることに対して、事務局や個々の企業に質問や意見が多く寄せられた。1年目の栽培途中の段階で、専門家である東北大学大学院理学研究科原子核物理研究室に測定、検査の協力を依頼することになった。この時期、チームメンバーで食品を扱うらでぃっしゅぼーやも野菜の放射性物質検査を重ねており、そのノウハウをプロジェクトに共有、消費者への回答の手伝いをした。検査はその後毎年おこない、商品化に際しても第三者機関による測定、検査、結果分析をおこない、安全が確認されたうえで出荷することを徹底、東北コットンプロジェクト公式サイト「放射能について」[*1]で結果を公開している。

初年度、名取・荒浜両圃場で収穫した綿は、種をとったリントコットン[*2]で約70キログラム。このうち7キログラムは、大正紡績・近藤の発案により、東北コットン100パーセントでタペストリーを作り、宮城県に寄贈することになった。タペストリーを織るのは、近藤が見出した絣《かすり》作家、大水綾子。幅1メートル、長さ5メートルの大作で、経糸に名取の綿、緯糸に荒浜の綿を使い、日本伝統の経緯ガスリを手染め、手織りで製作した。畑に足を運び、生産者に話を聞きながら大水が考えたという図案は、被災地の沿岸部が力強く復興していくイメージである。織り上がったタペストリーは贈呈式で村井県知事に直接手渡された。

初年度の製品づくり

タペストリー分を除いた分をどのように使うか。プロジェクトのアパレル企業のな

＊1
東北コットンプロジェクト公式サイト「放射能について」
http://www.tohokucotton.com/radiation/

＊2
リントコットン
紡績用繊維として利用される長い綿毛をリントという。短い地毛はベッドなどの詰め物や化学工業用原料として用いられる。

タペストリー製作中の大水綾子

かで話し合うことになった。東北コットン製品については、穫れる量が限られているため、１００パーセント東北コットンで製品を作ることは難しいということが、当初から考えられていた。糸のうちの数パーセントに東北コットンを混ぜて使うことを想定、その割合を何パーセント程度にするか。そしてその糸を使ってどんな商品を作るかが、初年度の検討事項だった。

70キログラムの東北コットンを、たとえば5パーセント混ぜると、できる糸は１１２４キロ、1パーセント混だと５６２０キロである。具体的にこれでどの程度の綿製品が作れるのか。おおよその計算では次のようになる。

ジーンズ1枚　1キログラム　5％だと１１００枚　1％だと５６００枚
Tシャツ1枚　２００グラム　5％だと５６００枚　1％だと２８０００枚
フェイスタオル　１５０グラム　5％だと１１２４０枚　1％だと５６２００枚

この時点でプロジェクト参加団体は約60団体、商品を扱う繊維関係の会社は約30社あった。それぞれが商品を作って販売するには、十分な量ではない。商品を作るか、作らないか、どこで売るか、どのように配分するか、混率はどうするか（1パーセントか、5パーセント以上か）などを決めるための会議では、糸の混率については、さまざまな意見が出た。

「1パーセントという数字は、なかなか理解が得られないのではないか」

「商品を多く製作できる1パーセント混を支持する」

「東北コットンを使っていることを認知してもらうには高混率で質が高いものが良いのではないか」

「現状をきちんと説明し、将来的に『100パーセント東北コットン』を目指しているという説明をするのがよい」

また商品化については、プロジェクトで共通した商品を作るか、それぞれが独自に作るか、あるいは初年度は作らないという選択肢も含め、検討された。

「製品とし、各社販売するべき。当初のめざしたところを貫き、筋を通した方が良い」

「初年度はよいイメージで船出することが大切なので、高混率で希少価値を高めて、決まったアイテムだけを限られた人に販売するのがよいのでは」

「1年目は東北コットンプロジェクトを認知してもらうことが大切ではないか。共通の商品を作るのが好ましい」

「プロジェクトの趣旨に賛同してくれた顧客が継続的に購入できるよう、参加ブランドも、継続性を持って販売していくべき」

会議では共通商品か、オリジナルかで意見が大きく分かれたが、ブランド各社、顧客もターゲットも違うことから、混率によって「1パーセントチーム」「5パーセン

コットン畑横で行われたプロジェクトチーム総会

トチーム」と分けたらどうかという案にまとまり、チームごとに希望（糸の太さ）や混率、希望量を出してもらい事務局がとりまとめるということになった。その結果初年度は、アパレル系、雑貨系それぞれのチームごとに共通した商品を作ることになった。

アパレルチームはポロシャツとジーンズを混率5パーセントで製造。雑貨系では、タオル、ストールを2パーセントの混率で作った。混紡する綿は、輸入のオーガニッククコットンを使用している。紡績は大阪の大正紡績、ポロシャツは和歌山、タオルは今治、デニムは宮城県栗原市の縫製工場、というように製造工程もすべて日本国内でおこなった、東北コットンプロジェクト製品ができあがった。

東北コットンランウェイ

初年度の製品は、イベントと事務局クルックのネットショップなどで限定的に販売された。2012年6月23日東京、24日に仙台で製品発表イベントを開催、東北コットン製品をはじめて披露した。

東京ミッドタウンでおこなわれたイベントは、「東北コットンランウェイ」と題して、

東京ミッドタウンでの「東北コットンランウェイ」

アパレルブランドと綿花生産者によるファッション＆トークショーと製品販売が行われた。荒浜の生産組合から松木弘治夫妻、名取から耕谷アグリサービス代表の佐藤富志雄、綿花担当の佐々木和也、佐藤範幸、またこの年から生産者としてプロジェクトに加わった宮城県農業高校の生徒達が上京。自ら育てた綿からなる商品を身にまとい、アパレルチームのスタッフとともにモデルとして歩いた。「チームの一体感を大切にしたい」という会議での意見が反映されたような、このプロジェクトの活動をあらわすランウェイだった。

翌24日は、綿花を栽培した宮城県で販売イベントを行った。ミッドタウンから什器をそのまま運び、仙台駅ビル、エスパル仙台で販売を行った。製品数が少ないためウェブでの限定販売となり、仙台で直接手にとってもらえるのはこの日だけということもあり、生産者、アパレル共に来場者にプロジェクトの説明をした。会場では「東北コットンプロジェクトトークショー　荒浜がどう立ち上がったか」と題して荒浜の渡邊が沿岸部の被災農家の取組みを話した。イベントのことを知らずに通りがかり、写真パネルを見てチラシを手に取る人も多く、宮城県内の人々にプロジェクトを知ってもらう機会となった。

初年度はチームで統一した商品を作ったが、2年目は収穫量も増え470キログラムほどとなったため、各社それぞれがオリジナル商品を作り、販売した。2年目の

エスパル仙台の販売会も好評だった

製品は、東北コットン3パーセント・オーガニックコットン97パーセントの混紡糸を使用。プロジェクト参加約30ブランドよりアイテムを順次発売を開始した。

アパレル製品は、チノパンツ、Tシャツ、カットソー、ブラウスなど、種類も豊富にそろった。ユナイテッドアローズグリーンレーベルリラクシングのカーディガンは、メンズ、レディース、キッズおそろいの展開。色違いで同型の製品をJALオリジナルのマイル交換商品として製作した。アーバンリサーチ、無印良品、イッカ、チャオパニックティピー、ローリーズファーム、ヴィリダリ、ロペピクニック、久米繊維は、Tシャツを制作。人気のイラストレーターや写真家の作品や、ポップな色、シンプルなスタイルなどブランドそれぞれのイメージで作られた。このほかハコのコットンニット、サイボーのポロシャツなど、カットソーの製品が多かったが、糸から生地を作り商品化したのは、フレームワーク、サキュウ、リー・ジャパンである。フレームワークは、アーバンリサーチ関連のメンズブランド、ワークノットワークと共同で生地を作り、レディースのブラウス2型を製作した。

服以外の製品は、さらにバラエティがひろがる。タオルは1年目の天衣無縫のほか、丸栄タオル、泉州タオルなどが手がけた。高島屋はブランケット、高澤織物はストール、トクダは手ぬぐいを製作。ワークウェアのメーカー、アイトスはエプロンとキャップを作った。東北コットン100パーセントの糸で織ったタペストリーを織った大

Aya Aya

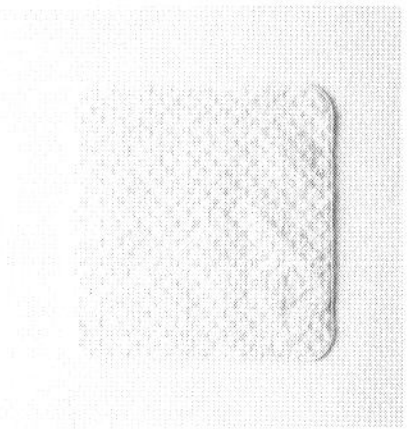

泉州タオル

フレームワーク

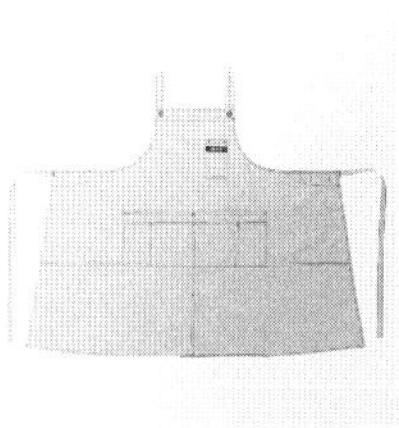

アイトス

サイボー

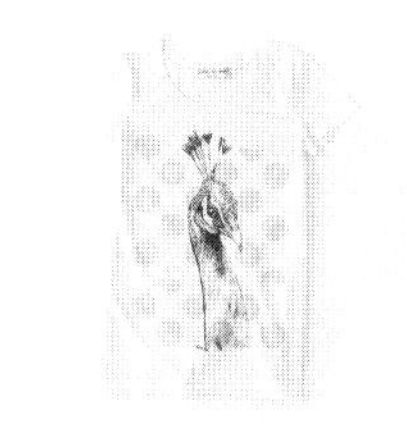

ロペピクニック

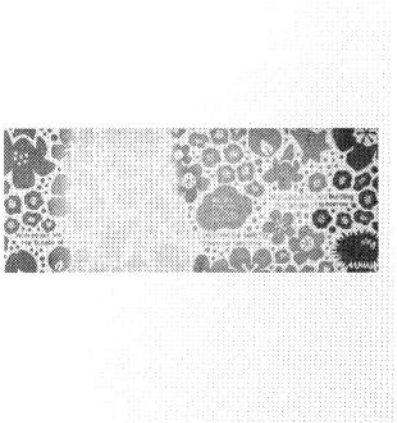

トクダ

丸栄タオル

チャオパニックティピー

水綾子は、会社を立ち上げ、ＡｙａＡｙａというブランドでタペストリー柄のストールやタオルを商品化した。

プロジェクトには、アパレル企業以外の参加もある。後述するが、愛媛県にある紙の商社、石崎商事は綿を取ったあとの茎の部分を使用した紙を開発、この用紙を使って、栄紙業はレターセットやプリンタ用紙など、パックタケヤマは手提げ袋を製造販売している。

栽培をはじめてから3年、いよいよ東北コットン商品がひろく世の中に送り出されていった。

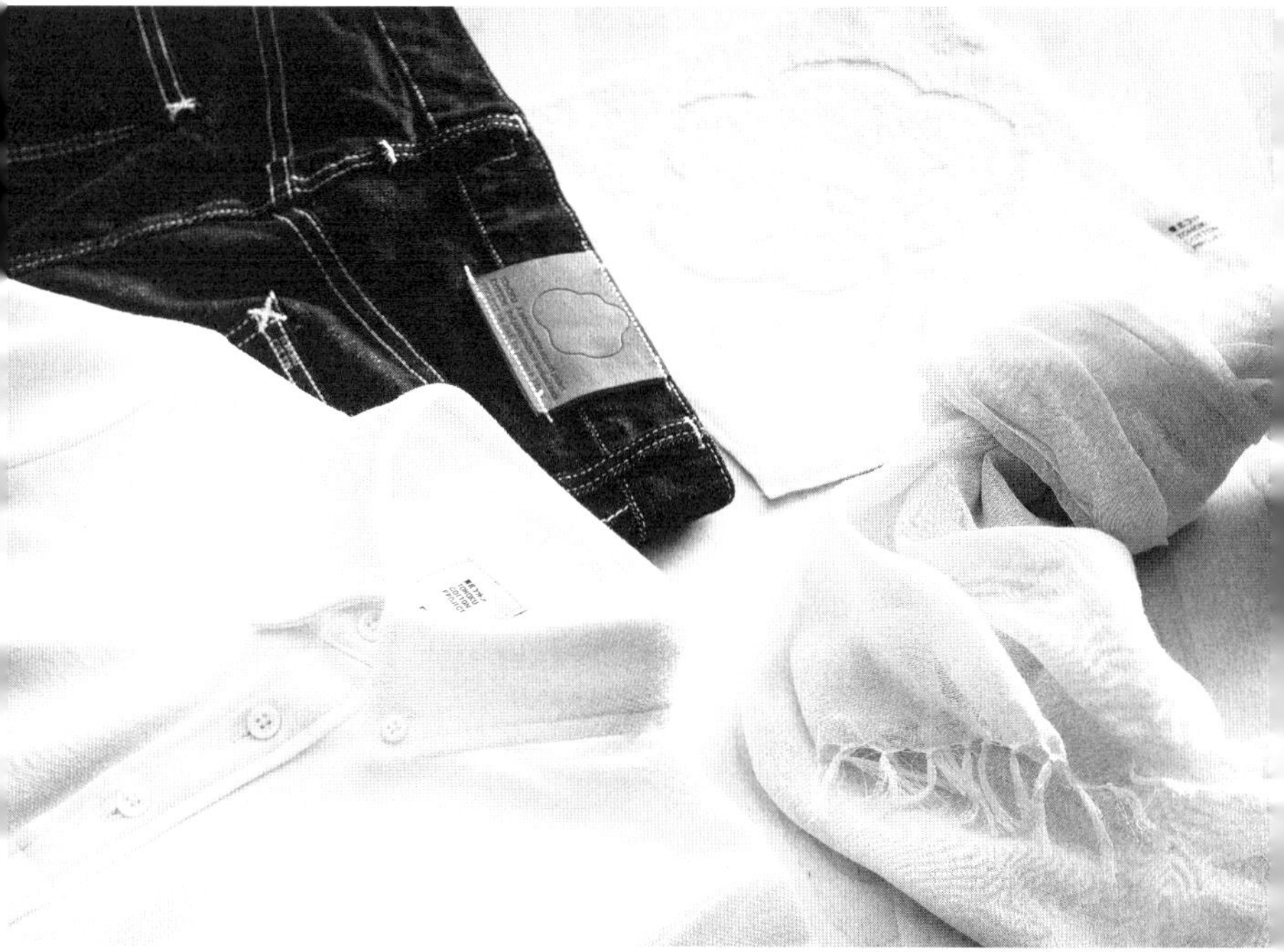

2011年栽培の綿を使った初のプロジェクト商品

東北コットンの届け方

チーム各社のオリジナル商品の販売がはじまり、当初のプロジェクトのビジネスモデルがようやく形になりつつあったのが、栽培をはじめてから3年目であった。２０１３年、震災から2年が過ぎ、復興支援への関心が徐々に薄れてきた時期でもある。そんななかで生まれた東北コットンの商品は、どのような思いで作られ、消費者に届けられたのか。プロジェクトチームから、いくつかのケースを紹介する。

糸のひとつとして作り続ける

2年目のコットンで商品を作ったチーム企業は30社ほどだが、「東北コットン」を全面的にアピールするか、あまり打ち出さない商品を作るか、メーカーの方針はそれぞれであった。

発起人企業であるリー・ジャパンは、あえて強く打ち出さないアパレルのひとつである。初年度はチーム企業を代表して「東北コットンプロジェクト」ブランドのデニムを作ったが、2年目のコットンで製品化したオリジナルのデニムは、プロジェクトの紙タグを付ける以外は特に東北コットンをうたっていない。発売時期も収穫の翌々年の春夏シーズンと、ほかのメーカーよりかなり遅い展開だった。前述したとおりジーンズは、織って生地にしてから染め、洗いなど工程が多く製造する時間がかかるためである。プロジェクトの製品としてのアピールはあまり目立たないが、しかし糸の購入量は他社に比べても多く、東北コットンの継続的な使用を担保している。リー・ジャパンの細川は、「東北コットンブランドでずっと縛っていくのではなく、ひとつの原料としていろんなものに使っていきたい」という考えだ。

「たとえば、リーの商品のすべてに1パーセント混ぜるという使い方でもいい。製品を作るときに、アメリカコットンにするか、ウガンダのコットンを選ぶかといったことと同じように、今回は東北コットンを使おうと、チョイスするひとつのコットンとして扱うことで、継続していけるのではないか」

それは、コットンの質の問題とも関わる。コットンは繊維の長いほど上質とされ、カリブ海でとれるシーアイランドコットンや、アメリカのスーピマ、ペルーのピマなどの超長綿がブランドコットンとして知られている。だが東北で育てているのは、

リー・ジャパン

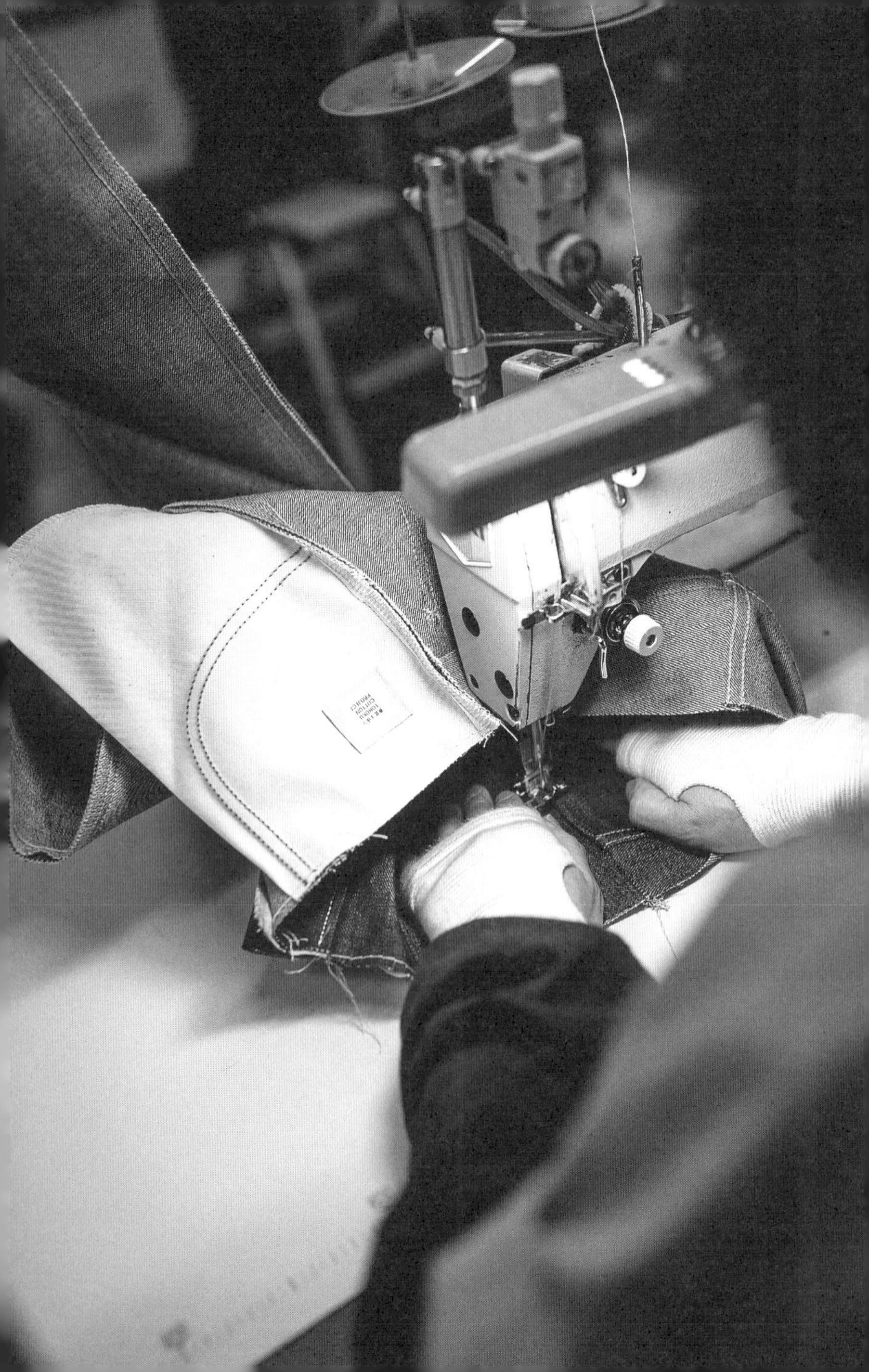

アップランド種など一般的な品種である。
「値段が高いけど質がいい、といって選んでもらうのは難しい。だから収穫量をまずあげることで、流通をサスティナブルにすることが大事」
と話す。細川は当初「宮城県に綿の記号がつくようになることが夢」と話していた。東北コットン１００パーセントでジーンズを作り販売することもめざしているといい、そのためには収穫量の安定は不可欠という。日本で原料から製品まで作るというのは、むしろ過去に逆戻りしている。綿を日本で作ってビジネスベースにするというのは「回りからみるとありえないこと」ではあるが、今伝統工芸が注目されているように、過去に戻るのが将来のめざすところ、というのが細川の考えだ。

生産者は栽培を続けていくことを選び、メーカーも支えていくことを選んだ。だから製品を作って終わり、ではなく継続できる方法を考えるべきだという。現在は収穫した綿花を大正紡績が一手に引き受けているが、将来的に生産農家がジニング（種取り）までおこない、プロジェクト以外の紡績会社や企業、海外との直接取引も考えられるかもしれない。そういったものに向かう土台づくりを、これからの3年間はしていくはず、と細川は話す。

リー・ジャパンと同じく、東北コットンを糸のひとつとして使うというのは、ブ

東北タクト 縫製作業

ランド、ヴィリダリ デセルタを展開するエスディーアイである。三代続くアパレルメーカーだが、業務提携したデザイナーがオーガニックに詳しく、綿花は農薬依存度が高いことなどを知り、畑で働く人の環境を守るためにと2008年からオーガニッククコットンを使った製品を始めた。現在製品に使用しているコットンはすべてオーガニックだが、それを前面に打ち出してはいない。同社代表の渡邉俊介は、

「オーガニックを普通のことにしたい。ゆくゆくはそれがあたりまえになればいいと思うんです。オーガニックコットンの協会にも入っていないのですが、協会に入会し、加盟料や証明取得費用を払うと商品の値段が上がってしまう。その分安くしたいので、こういうやり方でやっていきたいと協会にも挨拶に行きました」

と話す。インドやトルコなど海外の綿花生産者と直接交渉し、糸の生産まで現地で行うなどコストを削減し、製造工程はすべて日本で行っているが価格帯を低く抑えている。

東北コットンは「内容を聞いたら、やるしかないと思い」2012年に加入、東北コットンの糸半分と、オーガニックコットンを半分使い、全体の混率が1、2パーセントになる糸でTシャツ、カーディガン、ワンピースなどを製作した。特に東北コットンをアピールするわけでなく、他の商品とベースは変わらない。2014年の商品は「ビーチカルチャー」がテーマで、東北コットン商品もそのラインのイメージで

ヴィリダリ デセルタ

ある。プロジェクトの下げ札を付け、展示会では資料も用意しているが、知らない人も多いのでは、という。その方針でシーズン3〜4商品、メンズ、レディスそれぞれに展開、直営店のほか大手百貨店などでも販売している。熱心なバイヤーのいる店舗での取扱いが多いという。

「平日きっちりした服で仕事して、週末はゆっくりリラックスするというライフスタイルの人たちが着たいと思える服を作っています。そういう人はオーガニックコットンも選ぶ。食などに比べファッションは遅れていましたが、やっと最近ニーズが出てきました」(渡邉)。人々の志向の変化とともにファッションの流れも変わり、そこに東北コットンも無理なく存在していくことが、ひとつの方法として選ばれている。

強いストーリーを届ける

一方、東北コットンそのものをアピールし、製品を作る企業もある。レディースのデニムを中心に扱うブランド、サキュウもそのひとつだ。プロジェクト加入は早く、正式発足18団体のなかの一社である。代表でデザイナーの鶴丸直樹は、取引先の生地会社からこのプロジェクトのことを聞き、調べると元同僚だったリーの細川が関わっているとすぐに連絡して参加した。

サキュウは積極的に社会貢献をおこなっている会社だ。西アフリカ・ブルキナファソのコットンを使い、1着当たり５００円を同国に寄付、小学校や農業研修センター建設に役立てるという商品ラインを２０１０年から始めている。同社は２０００年の創業以来、宮城・岩手を中心に製造していた関係で、東日本大震災以降は、その半分を義援金や震災孤児・遺児のための育英基金に充当しており、プロジェクトの参加はごく自然な流れだった。

各企業で製品を作れるようになった2年目、サキュウが作ったのはレディスのチノパンツである。

「とにかく初年度は、いいものじゃないとなかなか定着しない。だから、すごくいい生地を作りました」という東北コットンチノパンは、緯糸に東北コットン3パーセントとウガンダオーガニックコットン、経糸には高品質のコーマコンパクトスピンが使われた。通常付ける価格の7割ほどに抑え、さらに1着当たり２５０円を東北に寄付、と設定された。縫製を宮城県栗原市、加工を宮城県大崎市など、製造も東北で行っている。「うちはこれだけ気合い入れている。だから買ってください」と取引先に熱意を伝え、全国で約１００店舗、東北だけでも21店舗に卸した。サキュウの商品はもともと30代、40代の女性に人気で、この年代向けの女性誌では定評があった。東北コッ

サキュウ

トンチノパンも、雑誌『ＬＥＥ』で１ページ割いて紹介され、その後もヒットアイテムとして取り上げられるなど、反響が高いという。製造した約８００本は、１年でほぼ売り切った。

ほかの商品での売上も含め、２０１３年分の被災地への寄付金は１７５万円あまりとなった。鶴丸は、縫製加工をおこなった現地の工場担当者とともに被災三県の県庁に出向き、育英基金・こども寄付金を手渡した。

「被災地に還元する寄付金をつけることによって、ここで作るだけでは終わらなくなってくる。震災遺児・孤児は、東北３県で１８００人くらいいるが、作った綿がその子たちのためになり、地元のためになる。そうなると、もっと素敵な活動になってくるんじゃないでしょうか」。

社会貢献がビジネスに役立ち、プロジェクトの継続につながる、そのひとつのモデルのようである。

リー・ジャパンとともに初年度の東北コットン製品の製造を請け負った天衣無縫も、プロジェクトに加入したのは20番目だが、取組みには積極的だ。東北コットンプロジェクトの３つの目標のうち、アパレル企業にできる「新産業／地域の雇用創成」「日常の中での無理のない支援」を会社の経営戦略のひとつとして取り組んでいる。自社の販路や、ホームページ、ＳＮＳでも常に発信、不可欠な事業として位置づけている。

天衣無縫は、代表の藤澤徹が父親の和装小物の会社を引き継ぎ、１９９3年からオーガニックコットン製品の製造販売を始めた。現在オーガニックコットンを扱う会社は５００社ほどあるというが、当時はまだ3社ほどしかなかったというから、日本のオーガニックコットンの先駆けでもある。当時世界全体で50億円以下だった市場は、２０１１年には約８０００億円となり、急速に関心が高まっている分野である。

同社では使用しているオーガニックコットン糸の90パーセント以上を大正紡績から仕入れて、アイテム別の製品加工を国内の約50ヶ所の協力工場で行っている。初年度に作ったタオルは今治、ストールは長野の工場で生産した。タオルは、縦糸緯糸とパイル糸によって織られるが、そのパイル糸に東北コットンを2パーセントを混入、ほかは超長繊維スーピマオーガニックコットンである。大判のストールは、緯糸が東北コットン2パーセント、のこりはスーピマよりさらに上質で、世界最高峰といわれるアルティメットピマを使っている。１００番手という非常に細い糸で作られた高級品だ。タオルは4種3色、ストールは2種各3色製造し、その８割ほどを売り切ったという。

「最初はもちろん大変でした。あちこちに営業を掛けてお願いしたり、店舗でも常設コーナーを作り、販売員の教育をして。5店舗でずっと続けてきて、お客様もつくよ

天衣無縫

うになりました」

ある程度作って売れるという目安ができてきた、という藤澤は、２年目は初年度の５倍程度の糸を仕入れたが、ほぼ販売のめどが立っているという。その広がりは、プロジェクト内での協力関係にもあった。後述するが、高島屋、日本航空の東北コットンオリジナル商品を共同開発し、製造を担当した。プロジェクト内で「オーガニックコットン」を明確に打ち出している天衣無縫は、安心、安全というコンセプトのビジネスにつながっていっている。


久米繊維は、１９３５年創業のＴシャツ専門メーカーである。２０１１年12月にプロジェクトに正式加入したが、東北コットンＴシャツづくりにじっくりと取組み、商品が完成するまでの道のりをウェブで紹介しながら２０１３年に完成、販売を開始した。

「思いの込められた東北コットンは、老舗企業との協業により、ほかにはない独特の風合いの商品となっています」（同社・小川真由子）という。生地のディレクションにニットテキスタイルの老舗、遠山株式会社（明治40年創業）、紡績を大正紡績（大正９年創業）、染色加工を釜屋染工（明治２年創業）、編みたてにカネキチ工業（大正９年創業）、縫製・プリントを自社工場と、老舗企業とともに製作した。特に生地は

久米繊維工業

メーカーが購入する紙タグ代金が、事務局の運営資金となる

旧式の吊り編み機で高速機の20倍の時間をかけて空気を含ませながらゆっくりと編まれた。専用の洗濯ネームは繊維製品の国際的な安全基準である「エコテックススタンダード１００」適合のもの、東北コットンロゴは環境負荷を抑えるために水性インクを使用、裁断・縫製にグリーン電力を使用することでＣＯ削減に努めるなど、かなり環境に関して意識の高い製品だ。ゆっくりと時間をかけ、ていねいに作られた商品が、届けられ始めている。

アパレル大手の取組み

東北コットンプロジェクトには、国内有数の大手企業も参加している。大企業が参加していることで注目もされる一方綿花の収穫量がそれほど多くなかったことから、大手が参入してビジネスに結びつくのか、といった声も聞かれる。販売規模の大きいアパレルでは、どのような取組みをしているのだろうか。

無印良品を展開する良品計画は、プロジェクトでも大手企業のひとつである。環境・社会への取り組みを積極的におこなう無印良品には熱心なファンが多く、プロジェクトへの参加は反響を呼んだ。無印良品では１９９９年から商品の一部をオーガニックコットンに切り替え、その取組みを進めている。商品づくりにおいて大正紡績との取引があったことからこの活動を知り、参加を決めた。窓口となっている良品計画衣服・雑貨部企画デザイン室長、永澤三恵子は、

「無印良品では、見られるところはできるだけ原料の産地を見に行きたいと考えています。生産者と直接ふれ合い、栽培方法や周囲の環境などを自分たちの目で確認するのです。原料の生産地は海外が多く、売場のスタッフなどはなかなか現場に行くことはできません。ここでコットンを作るところを見て、作業に参加できるのはとてもいいことだと思います」と話す。種まき、草取り、収穫祭には、宮城県内の店舗や周辺エリアからもスタッフが継続的に参加しているが、それがプロジェクトでのひとつのメリットになっているという。

　2年目のコットンでは、Tシャツ、タオルハンカチを製造。顧客向けの優待期間に、一部店舗、ネットストアなどで限定展開で販売した。無印良品は店舗数も販売量も多いため、全店舗で、継続的に展開するには相当の量の確保が必要になってくる。そこまでの供給ができる収穫量ではなかったため、期間限定での販売となったのである。

　2014年現在、糸における東北コットンの混率は3パーセントとなっているが、無印良品では混率5パーセントにこだわり製造している。

「商品開発にあたって、社内で生産者支援という観点からもオーガニックコットンを

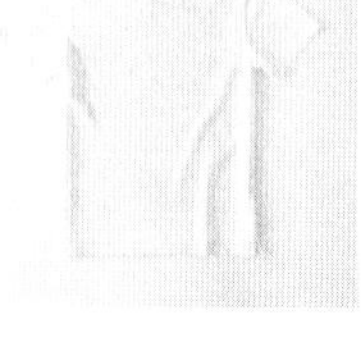
無印良品

積極的に使用しており、その際最低混率5パーセントというのを基準にしているので、無印良品のモノ作りの姿勢として、5パーセントという混率にこだわりをもってお願いをしている」ということだそうだ。

「すぐに収益を上げようとは思っていない。でも3年たって、荒浜で米も大豆も他の作物も作られているのを見て、少しは復興、自立の役に立ったのかなと思います」（永澤）。継続して得るものは、確かにあったようである。

ポイントは、国内に８００店舗以上あるカジュアルウェア専門店チェーンである。基幹ブランドのひとつである、ローリーズファームがプロジェクト発足当時から参加している。2年目のコットンではオリジナルTシャツを作り、エスパル仙台店、仙台フォーラス店の2店舗限定で発売した。ポイントの藤井綾美は、

「店舗へ配分した数量が少量ではありましたが、初めて、弊社として取り組ませていただいた具体的な東北支援でしたので、社員の意識に変化はあったと認識しております」と、参加への意義を話す。種まきなど畑での作業に参加した社員から、より興味が深まったという意見が多く出ており、種まきなどのイベントへの参加を希望する声も以前より出ているという。

「震災から3年が経過したが、震災を忘れないこと、継続的な支援が重要」と会社

ローリーズファーム

として支援を続けていく方針を打ち出し、プロジェクトへの参加にグローバルワークが加わり、ローリーズファームと2ブランドで展開することになった。

「関われる社員が増え、また多くのお客様にも東北コットンを知っていただける機会になると考えています」（藤井）と、取組みによる社員の意識の変化や商品の広がりを期待している。

カタログやウェブなどで通信販売を行うフェリシモは、ハコやとうほく帖というブランドがプロジェクトに参加している。担当者の児島永作が、リー・ジャパン細川からフェリシモでも何かできないかと声をかけられ、「東北にはしょっちゅう来ていたので」（児島）合流することになった。児島はフェリシモで「とうほく帖」というカタログの商品企画や「花咲かお母さんプロジェクト」の運営を担当している。被災した東北の女性たちに手仕事で内職をしてもらい、商品価格の一部を基金にして、その「お母さん」たちの地元に花や緑を植えていく、というプロジェクトである。児島は震災以後、この企画の立ち上げと運営に携わり、東北に通っていた。

お母さんたちの内職は、アクセサリー作り、編み物、Tシャツやオルゴールのペイント作業などさまざまだ。フェリシモでの通信販売を中心に、協力を申し出てくれた他社の店舗やキャンプ場、野外イベントなどで販売している。花咲かお母さんプロジェクトのスタートから2年が経った時点で、参加したお母さんは約90人、払った内職賃は1000万円を超える。さらに花を植える基金は300万円ほどたまり、そのなかから桜を180本植樹、プランター1000台分の花を植えている（2014年5月現在）。

フェリシモでは、2年目の東北コットンで、ハコブランドのコットンニットを製造販売した。糸としては1000着分くらい買ったが、製品にしたのは300着ほどで、残りは糸の状態で保管していた。ある程度糸は確保して、売れ行きのよい商材を見つけ、順次消化していくようにしているという。現在残った糸を、今度は花咲かお母さんの手仕事に利用しようと考えている。フェリシモでは震災以前から手仕事を女性のグループに依頼していたが、そのなかに綿畑がある荒浜地区の女性たちがいる。現在は荒浜の手作りグループと、宮城野区蒲生・岡田エリアの手芸グループをひとグループとして、花咲かお母さんプロジェクトの仕事を依頼している。そこで、東北コットンの綿を使って、荒浜のお母さんたちに仕事をしてもらい、その売上で基金がたまったら、花を植えつつ、コットンの種も植えるというサイクルを考えているという。

「お母さんたちの内職が商品になって、そのお金で種を買って、農家さんたちが育てて、またその綿を商品にする、そういう循環モデルを作ってみようと思っています」

被災地で手作り、ものづくりをしている人たちは多い。だが時間が経っていくほど

ハコ

に価格やクオリティにシビアになり、被災地だからという文脈ではものは売れなくなった。しかし「フェリシモでは、ふだんからオリジナル商品を開発してビジネスをしていますから、その商品企画力はこういうプロジェクトでも強みになります」（児島）と、東北コットンも違和感なく取り入れているようである。

ものづくり以外のさまざまな関わり方

プロジェクトには、製品をつくるメーカーだけではなく、小売りや卸販売を行う企業もある。百貨店として唯一参加している高島屋は、商品販売のほか、プロジェクト製品発表イベントや東北フェアなど、催事の一環で東北コットンをアピールする場を設けてきた。

高島屋でプロジェクトの窓口になっているＭＤ本部リビングディビジョンの中居誠一郎は、タオルと寝装品の担当である。商品を仕入れて売場で販売する他に、高島屋オリジナルの商品も作っている。その関係で大正紡績の近藤とコミュニケートしており、同社創業１８０周年の際には、１８０番手の糸を近藤に依頼し、同じくチームメンバーで伝統工芸士の高澤織物・高澤史納の技術でショールを作り、評判を呼んだ。そんなつながりもあり､プロジェクトには｢取り組むべくして取り組んだ｣という。

中居の担当するフロアには、チームメンバー天衣無縫の直営店があり、当初から1年目の商品は一緒に展開することを話し合い、天衣無縫が製作した東北コットンブランドのタオルを積極的に展開した。2年目のコットンは、オリジナルの秋冬用のブランケットを、寝装品メーカーの昭和西川とともに製作した。サイズや織り方の違いで4種類、それぞれ色も2色、単価は平均1万円程度と、やや高価格の設定だ。売場でたくさん売れる商品ではないが、進物用カタログでの販売が多いという。

「内祝いなど進物で買われるお客様が多い。コットンで、ストーリーのある商品は、興味を持っていただけます」(中居)

と、売上につながっているという。1年目の共通商品も、「復興支援の商品がほしい」と、ひとりの顧客から数百枚単位の注文が入ったこともあった。企業からも「ものと気持ちの合ったギフト」という要望をされることがあるという。会社内にも認知されてきて、社内報で取り上げたり、社会貢献室で取組みを対外的に発表していくなど、CSRの一環としての位置づけも定着してきた。

とはいえ震災から時間がたち、過渡期を迎えていることも確かである。震災復興の報道も少なくなり、関心も薄れてきている。社内でもいろいろな考え方があり、営業的にもっと売上があがるものをという声もある。そんな状況の中で、髙島屋は積極的

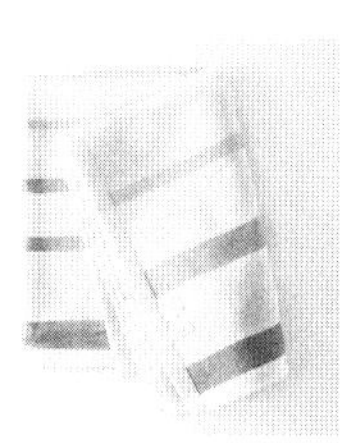

髙島屋

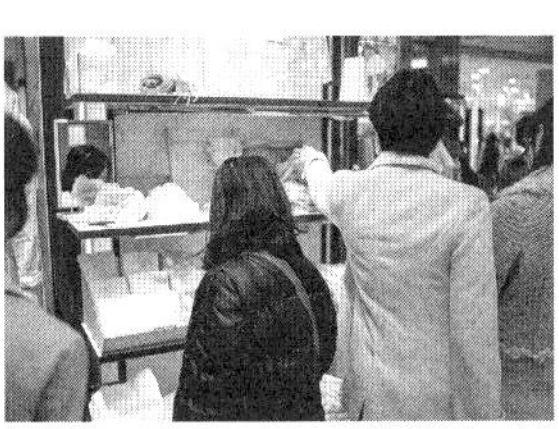

髙島屋での販売イベント

に販売イベントを行った。収穫が終わった3ヶ月後の2013年4月、日本橋髙島屋で「東北コットンフェア2013」を開催した。まだ商品が間に合わず、サンプルだけの企業もあったが、アパレル、雑貨、紙製品などを一同に集め、東北コットン商品を発売していることをアピールした。同年9月には、東北の経済復興を目的にする催事「大東北展」でプロジェクトのブースを設置。タオルや毛布、ジーンズなど約80種を販売した。さらに2014年、震災後3回目を迎える3月11日に向けて企画された約1週間の大規模な復興支援イベントでも販売、講演などをおこなった。

継続的な取組みをすることで、社内にも顧客にも、ひろがりを見せている。他の部署からも関心が寄せられ、3年目の収穫祭には婦人服のバイヤーも訪れた。店頭の販売イベントでは、綿花生産者や商品の作り手が、活動の説明、商品のなりたちを直に伝え接客することで、来場者の反応がまったく違うという。大規模な百貨店であっても、地道な取組み、作り手と受け手の直接のつながりが、価値をつくりあげていっている。

日本航空（JAL）がプロジェクトに参画したのは、津波被害により途絶えていた定期便が再開した2011年7月だった。航空業のJALがプロジェクトに参加する理由について、同社CSR情報のページには次のように記されている。

「2010年から、『空のエコ』活動の一つとして、生物多様性の大切さを社会の皆さまにお伝えする中で、『自然との調和した暮らし』の大切さを一緒に学んできました。(略)『東北コットンプロジェクト』は自然との営みを取り戻す挑戦です。JALはその思いに共感し、ぜひ応援させていただきたいと考え参加させていただくこととしました」

その応援の形は、機内誌などによる広報、グループ社員の草取りや収穫活動への参加などのCSR活動が中心だが、綿を使った商品づくりにも意欲的で、2年目からはチーム企業とのコラボレートにより、マイル交換商品やアメニティなどのオリジナル製品を企画している。

マイル交換用に作られたのは3種類。ポケットチーフは高澤織物、コットンカーディガンはユナイテッドアローズグリーンレーベルリラクシング、ベビーグッズ詰め合わせは天衣無縫と、それぞれ共同で企画し製作した。他の企業と同様に糸を購入し、商品企画を両社でおこなって、製造をアパレル企業に依頼する形だ。JAL宣伝部企画媒体グループの西尾卓也によると、それぞれの企業担当者とは種まきや収穫など、畑で初めて会って知り合い、依頼したのだという。

「どれも好評で、1ヶ月半ほどで品切になってしまいました」(西尾)という予想以上の反響に、残った糸を使って引き続き製品を企画した。まず、国際線ファーストクラ

JALトートバッグ

ス用に手ぬぐいハンカチを製作、アメニティと一緒に配っている。さらに乗客用だけではなく、社員向けのグッズの製作も提案された。社員が昼食に行くときに持っていける、グループ企業の推奨バッグを作ろうと、ミニトートバッグが企画された。バッグの形や持ち手の長さ、ペットボトルを立てて入れられるようになど、意見を集めながら検討したという。ほかにはオリジナルのハンカチも計画中で、これらは天衣無縫と共同で企画が進んでいる。

トートバッグの企画は、綿花の収穫に参加した社員が考案した。自ら作業を手伝うことで、具体的な活動へと発展している。何度も農場に足を運んでいる同社総務部CSRグループ木村光伸は「JALならではの特性を生かし、プロジェクトと製品を国内外に向けて紹介していきたい」と話す。畑で汗を流した体験から、プロジェクトは世界へと発信されていく。

そのほか、プロジェクトにはものづくりや販売以外でも多くの企業、団体が参加している。ジニング工程の機器援助や技術援助をする伊藤忠商事、綿花生産機器の調達を支援する豊島、草取りや収穫時のボランティアの動員や、収穫された綿花の輸送トラックの援助をおこなうUAゼンセン（全国繊維化学食品流通サービス一般労働組合同盟）、圃場内の花の苗木や種を協賛するハクサンなど、栽培に関しての支援も

チーム内には農業機械提供、技術援助を担う企業もある

UAゼンセンやJALは、ボランティアで大勢を動員した

多い。収穫祭や製品発表などさまざまなイベントの運営支援に、キョードー東北やフォーワーカーズ、プロジェクトの情報発信や広報活動支援にはａｐ ｂａｎｋ、興和、ＪＲ西日本、ユマコシノなど、東北での広報やボランティア支援にエスパル仙台、宮城ケーブルテレビ、ＧＩＰ、ダイワロイヤル、販売する航空券等の売上の一部を支援協賛金として拠出するエイチ・アイ・エスなど、さまざまな関わり方で、同じチームメンバーとして活動している。

3年、そしてこれから

何もなかったところに花が咲き、綿が実った。綿は糸になり、服やタオルなどになり、販売も始まった。プロジェクトが目的とした、「津波被害を受けた農地の再生」「新しい事業と雇用の創出」「消費者と被災地を結んだ継続的な支援の仕組みづくり」に向けて、少しずつ前に進んでいる。２０１３年度を総括するプロジェクトの総会では、活動を振り返り、今後に向けてさまざまな角度から議論が繰り広げられた。

３年目の収穫は、３ヶ所合計約３７０キログラムで、２年目を下回った。気候や害虫などのほか、栽培技術がまだ確立していないこともあり、当初あげられていた

キョードー東北が運営を支える収穫イベント。写真は東北楽天イーグルスのチアチーム、東北ゴールデンエンジェルスのパフォーマンス

10アールあたり100キログラムという収穫目標にははるかに及ばない数字である。3年間の結果をふまえ、露地栽培では20キログラム程度が限界ではないかという予想もある。

3年間の試験栽培期間終了により、事務局からの試験栽培料の補助もなくなり、目標だったイネ同等以上の収益（10アールあたり10万円）は現状ではかなり難しい。綿を購入するアパレルも、収穫が少ないため長期的な計画が立てづらく、東北コットンの混率も低く商品の特徴を出しにくい。

この現状には、厳しい見方もあるだろう。多くの企業が集まり、大々的に発進し、3年間続けての結果としては、既存のビジネスの視点からすると評価されないのかもしれない。だが、このプロジェクト自体が、これまでの枠におさまらないことを試みている。国内自給率ゼロの綿を、初めての土地で栽培し、産業にして収益を上げようという、いってみれば無謀な計画でもある。3年経って、当初予想していた以上に綿の栽培に苦戦し、被災農家の支援、雇用の創出にはまだまだ時間がかかりそうである。しかし、チームから撤退する企業、団体はほとんどなく、むしろ新規加入が増えている。苦労しているはずの生産農家も、継続を宣言している。プロジェクトを無謀な取組みに終わらせないための活動が、各場面で着々と進められている。

生産については、栽培方法の工夫や品種の研究が進められている。4年目、3ヵ所の圃場ではビニールハウスでの栽培を増やす。これまで低い気温に加え、台風や長雨、また防風林がなくなった荒浜では海からの強い風など気候に苦しめられた。前年ハウス１棟で試験的に栽培をした名取で、１株あたりの収穫量が露地の10倍だったという結果を受け、名取では２００坪、東松島１００坪、荒浜でも45坪でハウス栽培を計画、収穫量の安定をめざす。３ヶ所とも露地栽培は継続して行い、栽培方法の研究を続けていく。

栽培する綿の品種についても改善の予定だ。秋の長雨や霜による根腐れが起こる前に収穫をすることをめざし、ふつうの品種よりも早く実る種の導入が決まっている。これまで種を手配してきた大正紡績近藤がアカラ１５１７という早生《わせ》種をあらたに入手し提供するほか、あらたにチームに参加した綿の商社、東洋棉花は、ファイバーマックスという早生種を提供する。綿花業界の中では非常にポピュラーで、収穫のサイクルが短く、収量がいい綿種だという。

「東北コットンプロジェクトに賛同したギリシャの綿花生産者から「ギリシャも日本と同じような気候の国であり、ぜひ種を使ってほしい」と申し出がありました」（東洋棉花）ということで実現することとなった。

また、繊維にする「綿花」以外の部分で生産農家の収益改善をめざす動きもある。ひとつは、綿花をとったあとの「茎」の販売である。チームメンバーの石崎商事は、綿花の茎をチップにして購入、原料のパルプに混ぜて「東北コットン紙[*3]」を生産している。同社では初年度から名取圃場の茎を使ってこの用紙を製品化しており、3年目の茎販売による収益は、10アールあたり1万9200円になる。これを他の圃場にも広げ、収穫目標を達成できた場合の収益シミュレーションでは4万円を越える見込みになるといい、取り組みに前向きだ。

　この用紙を使ったノートやレターセット、ペーパーバッグなどが販売されているほか、仙台のかまぼこメーカー阿部蒲鉾店は、一部の笹かまぼこ商品の個包装パッケージに東北コットン紙の使用を始めた。同社ブランド推進室・斉藤和彦は、「3年前からこの事業を知ってはいたが、業種が全く違うので関わるのは難しいと思っていましたが、紙のご案内をいただいた。うちも被災企業でたくさん支援いただいて、何か地元企業としてお手伝いできることはないかと思いパッケージを切り替えることにしました」と話す。包装用紙については、テレビコマーシャルや新聞の一面広告を使い、大きくアピールしている。

　また、東北コットンを使ってできた綿製品の販売も、生産者の収入を支えた。チーム内の企業が製品化した東北コットン商品を生産者が仕入れ販売を行い、少なくない収益をあげている。後述するが荒浜では学校や地域との交流がさかんになり、バザーや復興イベントなど販売の機会が多くなった。自分たちが栽培し、収穫した原料が使

＊3　東北コットン紙
この書籍の扉ページに東北コットン紙を使用している。

東北コットン紙のレターセット（栄紙業）

東北コットン紙をパッケージに使った笹かまぼこ（阿部蒲鉾店）

われた製品を自らが販売することで、この活動自体が伝わり、ひろまっていくことにもつながっている。

〈コラム3〉

これからのコットン

そう遠くない昔の日本。綿は米に次ぐ主要な農産物であり、繊維産業は重要な輸出品目だった。今では想像するのが難しいほどだが、確かにその歴史があった。現在ほぼ100パーセントを輸入に頼っている綿花は、世界でどのようにつくられているのだろうか。

世界の綿花生産量をみると、1位は中国で762万トン、2位インド620万トン、3位アメリカ377万トンで、この3国で全世界の生産量の6割以上を占めている（参考：国別綿花生産量と輸出量　Cotton Incorporated）。次いで、パキスタン、ブラジル、ウズベキスタン、オーストラリアなど、栽培地は全世界にわたる。

綿は全繊維需要の34・4%を占め、化学繊維が発達してからも高い需要がある。そのため生産国ではさまざまな保護政策がとられ、世界経済の中でも重要な位置づけの農作物である。手で植え、摘み取られていた作業は機械化が進み、収穫量向上のための技術が開発されていった。そのひとつが農薬、もうひとつは遺伝子組み換え種である。

すでにふれたが、綿花は他の作物に比べても農薬の使用量が多いという。綿花栽培に必要な農薬は、多岐にわたる。種の消毒、除草剤、殺虫剤、殺菌剤、化学肥料、さらに枝葉を枯れさせて綿だけを収穫するための落葉剤も使われる。多量の農薬は、土壌や飲料水の汚染や劣化のほか、生産者への影響が大きい。広大な農場で生産する大国以外は、小規模な農家が手作業で栽培がおこなうことが多く、健康被害が問題になっている。

綿に対応する除草剤、殺虫剤が発展して、綿自体が害虫や除草薬への抵抗力を持つ遺伝子組み換え種、GMOコットンが開発された。除草剤をまいても枯れず、害虫も除去できるという特性を持つGMOコットンは、現在アメリカをはじめ13ヵ国において栽培が認められており、アメリカでは全生産量の93パーセント、インドでは85〜90パーセントと、急速に普及している（日本では「栽培用として用いた場合の生物多様性影響について審査がなされていないため、我が国で遺伝子組換えワタを栽培すると法律違反となります」（農林水産省）として、栽培は認められていない）。遺伝子組み換え種の問題点として、栽培過程の特殊性もあげられる。この種をつくるためには人工交配が必要になり、人の手で授粉させなければならず、安い労働力の需要が増えている。そのため、インドのコットン種子生産地の9割を占める地域では、約40万人の児童労働者がおり、そのうち54％が14歳未満、7〜8割が女子という現状があるという（参考　ACE「ピース・インド・プロジェクト〜インドのコットン生産地における児童労働の現状とACEの取りくみ」）。

このような背景から関心が高まっているのが、オーガニックコットンである。2012年には18カ国で、13万8813トンのオーガニックコットンが栽培された。コットン全生産量のわずか0・5パーセント、微々たる数字ではある。しかし、オーガニックコットンの74パーセントがインドで生産されており、農薬依存や児童労働など従来の方法からの脱却を感じさせる（参考：Textile Exchange）。

綿を製品とする繊維業界も、この流れに呼応している。オーガニックコットン製品の販売金額は、2001年に2億4000万ドルだったが、2012年には89億ドルに及んだ（参考：Textile Exchange）。売上トップ10には、C&M、H&M、ナイキ、Zara、プーマ、ウィリアムズソノマなど世界企業が並ぶ。2位となったH&Mは2020年までにすべての商品にフェアトレードなコットン、あるいはサスティナブルコットンを使用することを目指しているという。

東北コットンプロジェクト始動の場でもあった「コットンCSRサミット」は、このような関心のもと始まっていた。2013年には「エシカルコットンサミット」、2014年「エシカルファッションカレッジ」と名前を変え、ファッション、飲食、メディアなど業種も広がり継続している。オーガニック、CSR、児童労働、フェアトレード、エシカル、それらは単体のキーワードではなく、すべて関連していることに気づく、綿はひとつのきっかけでもある。

エシカルファッションカレッジ（2014年5月）

第 4 章

綿からひろがる

東松島と綿花

プロジェクト出発の土地で

2013年5月、宮城県東松島市に「東北コットンプロジェクト　東松島農場」が誕生した。荒浜で綿花栽培に取り組んでいた赤坂芳則が、あらたに作った農場である。赤坂の農業生産法人、イーストファームみやぎがある遠田郡美里町の近く、山だったところを農地にして綿花栽培を始めることになった。春先まで開墾が進められ、排出した土は、被災して地盤沈下した土地や、亀裂が入った堤防などに運ばれた。

ここは津波被害を受けた農地ではなく、被災農家を直接支援するかたちではないが、東松島[*1]は、前述したとおりプロジェクトを始めるため栽培する場所を探したとき、最初の候補地になった地域である。いわば東北コットンプロジェクト出発の地で、綿が育つことになった。

＊1
東松島市
公式WEBサイト
「震災による被害状況」
http://www.city.higashimatsushima.miyagi.jp/cnt/saigai_20110311/index.html

浸水地域などへの造成
用土を取った後にでき
あがった東松島農場

もうひとつ東松島でおこなう理由として、赤坂は「ここを被災者の方の癒しの場にしたい」という。東松島市では、震災から2年半の時点でまだ1300人の市民が仮設暮らしを強いられていた。綿花農場の隣にも、東日本大震災で被災した方々の最大級規模の仮設住宅地「グリーンタウンやもと応急仮設住宅」があり、約600世帯が入居している。そこに住む方々にも参加して楽しんでもらえればと、綿花のほかにも果樹園なども計画中とのこと。畑は丘に囲まれ、小さな池があり、魚がいて鳥も飛んでくる、ビオトープのような空間である。綿がきっかけで、癒しの場づくりが進んでいた。

農場の一角には、作業場兼農機具の格納庫がある。これは、東北コットンプロジェクトを進めていくうえで助成を受けた、先端農商工連携事業補助金により設置された。この補助事業は法人格であることが申請条件だったため、イーストファームみやぎ、大正紡績、クルックの3社により申請した。建屋は本来、荒浜に立てる予定だったが、建設の場所が2回変更になるなどして、結果的に場所が確保できなかった。すでに業者に発注した資材をキャンセルもできず、東松島に持ってきて建設することになったのである。赤坂は、

「あくまでも綿花のための施設であり、ここにはコットン以外のものを植えるつもりはない。みなさんの農場と思ってください」

と、新しい綿花畑を説明した。

東松島農場の開設とともに、農商工連携実用化研究事業で栽培研究員補助を担当していた菅原博が東松島の綿花栽培の担当となった。菅原はそれまで美里町の物産観光協会に勤めていたが、補助金事務の担当をしていたため、補助事業となった綿栽培の事務のとりまとめをまかされたのである。菅原により、荒浜の綿栽培の記録が詳細に残され、貴重な資料となっている。元々菅原は大手流通会社にいてアパレルブランドを担当し、チャリティーで自然保護団体のＴシャツを手がけたこともあるという。再び美里町で、被災地支援の一環で綿花を栽培することになったのも何かの縁があったのだろうか。東松島農場での栽培管理責任者として、なれない農業に奮闘している。生産組合からはもうひとり、高山幸一が農業経験を生かし、栽培の手伝いに通ってきていた。

開かなかったコットンボールからワタを取り出す菅原博

東松島のボランティアに作業を教える高山幸一

山を切り開いた農場

東松島農場の初めての種まきは、２０１３年5月25日におこなわれた。山を切り開いているだけに畑も変則的な形で、目印のロープを動かし、人もそれに従って移動してと、工夫しながらの種まきだった。開墾したばかりでまだ木の切株がゴロゴロと残る農場に、直接種をまいた。何も植えたことのない土地で生育も未知数、おそらく土はやせていて繁茂する状況にはならないだろうと、他の農場より畝間株間も狭くとった。荒浜では畝間1・5メートル、株間1メートルのところ、東松島は畝間75センチメートル、株間60センチメートルである。

参加者には、プロジェクトメンバーのほか、近隣や県内からの参加も目立った。赤坂は前年から地元美里町の畑のごく一部で綿を育てており、種まきや綿の摘み取りのイベントを地元向けに行っていた。そこに参加して楽しかったからと、内陸部から1時間かけてきた夫婦、自宅が全壊して昨年末に家を建て直したばかりという石巻在住の女性、震災後手作り製品を販売するグループを立ち上げた女性たちなどが集まっていた。震災のときの状況や、被災後の生活のことなど、立場はさまざまながら話をすることで、交流を深める機会になっていた。

種をまいて2週間、うまく育つか未知数といわれていたが、無事に芽が出て、1ヶ月後にはプロジェクトメンバーらが間引きをおこない、雑草を抜いた。この時点である程度雑草をぬき、使用可能になった除草剤も使ったこともあり、綿は草に負けることなく成長した。それでも夏の間の草取り作業は必須である。東松島では、プロジェクトや有志のボランティアの他に、高校や大学、企業が団体で草取りのボランティア

修学旅行で訪れた高校生たちがボランティア作業をおこなった

に訪れた。綿花部長の菅原が前職で物産観光協会にいたことから、宮城県へのボランティアツアーを進める「みやぎ観光復興支援センター」[*2]をとおして、他県からの支援を受入れたのだ。夏以降、草取りや綿摘みに訪れた主な団体は次の通りである。

8月5日　静岡県立島田高等学校野球部　40名（仙台高校、利府高校との親善試合のため遠征先でボランティア希望）
8月24日　山梨学院高等学校生徒会　21名（生徒会活動）
9月6日　富士通ユニティ労働組合　200名（レクリーダー研修会）
10月31日　埼玉県の社会福祉法人「名栗園」20名（管理職研修）
11月2日　富士通エレクトロニクス労働組合　40名（組合活動の一環）
11月21日　高知県高知商業高等学校国際コミュニケーション科　37名（修学旅行）、JAびえい青年部　21名（視察研修の一環）

遠方からやってきた若者が大勢で作業し、そのたびに畑がきれいになっていった。

5月、6月は日照り続き、7月になったら連日の雨、9月には台風が次々とやってくるなどここでも天候に悩まされたが、なんとか根は深く張り、綿木にはコットンボールが多数実った。

*2
「みやぎ観光復興支援センター」
宮城県が設置、ボランティアツアーの円滑な実施や震災の経験についての学習プログラムなどの被災地の観光に関する情報を発信。企業、学校、旅行会社、自治体、組織団体などからの依頼を受けて、希望に応じて、現地のガイド団体やNPO団体等と受入のマッチングを行う。
http://miyagi.fukkou-tourism.com/siencenter/

地元、近隣住民が楽しむ綿畑へ

初の収穫を迎え、11月16日に収穫祭をおこなった。綿花畑は、はじけた白い綿がひろがる、という光景にはなっていなかったものの、しっかり実をつけた綿木で埋め尽くされていた。背丈は1メートルほどと高くないものの、かなり大きな実をたっぷりとつけた木が並んでいた。

収穫は、はじけているものは綿だけ摘み取り、あとはコットンボールだけはさみで切り取っていくことになった。広い畑だけに、取りこぼしのないように、畑の端からみんなで一斉に実をとっていく。木の下の部分の方が栄養が行き届いて大きい実になるそうで、かがみながら実を探して切り取り、回りのヘタの部分をむしっていく。この日参加者はプロジェクト、近隣住民などあわせて300人ほどだったが、午前中一杯かかっても、進んだのはようやく半分程度。硬い実は倉庫に広げて乾燥させ、綿が開くのを待つ。

作業後の収穫祭は、数々の屋台が並び、催しものがあり、にぎやかに行われたが、主役となったのは地元や近隣の人々だった。プロジェクトチームには東北の企業の参加も増えているが、そのひとつ東北楽天ゴールデンイーグルスは、公式チアリーダー、東北ゴールデンエンジェルスがパフォーマンスを行った。笹かまぼこの老舗、阿部蒲

コットン畑隣の仮設住宅
から収穫に参加した親子

鉾店は、一部の商品に東北コットンの茎を織り込んだパッケージを使用することになり、この日はその「厚焼笹」を参加者全員にプレゼントとして配布していた。

じゃがバター、玉こんにゃく、綿あめ、コロッケなどの屋台も、ほとんどが地元の方々によるものだった。威勢のいい掛け声で焼き鳥や焼きいもを焼いていたのは、いしのまき農協青年部の若き農業従事者たちだ。農場のすぐ近くにあるグリーンタウンやもと応急仮設住宅からも出店していた。「ほんとは自分たち用に買ってたんだけど」という雄勝の牡蠣をふるまい、「震災のときお世話になった恩返しがしたいから」と、援助してくれた方々と一緒に企画製作している手作り品を販売していた。全国各地のイベントに出向いて販売する活動も行っているそうで「忙しくて、被災者であること忘れちゃうんですよ」と明るく話していたが、2年半以上も仮設住宅住まいのままであることに、復興の道のりの長さを痛感させられる。

被災者の癒しの場をめざしたということの場所だが、被災者／支援者という一方通行の関係性ではなく、人が集まり、何かを一緒に作りあげる場になろうとしていた。

収穫祭で、開いていないコットンボールを切り取り乾燥機にかけて開きを待った東松島1年目のコットン。だが、実だけを取り込んだあとの開きがあまりよくないのは、名取の2年目と同様であった。開いたところから綿を取り出す作業を12月中に少しずつ進めていったが、まだ畑には穫りきれていないコットンボールが残っていた。2月中には収穫量を確定し、商品生産の計画を立てなければならない。そこで急遽プロジェクトで有志を募り、綿摘みを行った。

すでに何度も雪が降り、前日には氷点下になったという2月1日、確かに畑には、白い綿が少なくない数はじけている。地形的な影響なのか、水はけが悪くぬかっている畑の中央部は育ちは悪いが、他の乾燥している部分では、木も大きく、実の付きもいい。寒さの中、風を受けて倒れながら、まだまだこれから開きそうな実が残っていた。開きかけているものも含めて収穫し、実から取り出した綿は、約20キログラムとなった。早めに切り取らず、ギリギリまで木に残しておいた方がいいのか、効率よく育てるにはどうしたらいいか。次年度の栽培に向けての検討がすでにはじまっている。

収穫祭では開かなかったコットンボールも収穫、倉庫で乾燥させた

地域へ、子どもたちへ

地域への広がり

復興支援から始まったプロジェクトは、すでに支援の枠を超え、新しい段階へと動き出している。２０１４年には参加チームは80社を超え、特に宮城県内、仙台市内など、東北の企業団体の加入が目立ってきた。仙台でＴシャツの製造販売を行うアゾット、石巻の小売店が震災後に始めたブランドヒユカ、震災後に東松島で起業し地域の復興や商品開発をおこなうソーシャルイマジンなどアパレル関連のほか、他の業界からの参加も多い。前述したように、東北コットン紙を商品パッケージに使用している阿部蒲鉾店のほか、東北楽天ゴールデンイーグルス、エスパル仙台、キョードー東北、宮城ケーブルテレビ、などが協賛や後方支援としてチームに加入、現地での農作業やイベントの手伝いに多くのスタッフが参加している。

全国に展開する企業でも、仙台の拠点が中心となって参加するケースもある。ダイワロイヤルは全国に37店舗を有するホテルチェーンだが、復興支援として「実際何をしたら良いかが分からない、きっかけがない」という県外の声を受け、地元であるダイワロイネットホテル仙台がプロジェクトへの参加を発案、全店舗で東北コットンタオル付プランの販売を行う。「今後は、不動産事業部やリテール事業部(書店・コンビニ)でも東北コットンタオルの販売やポスター等の広報活動をおこなう予定です」(ダイワロイネットホテル仙台フロント統括スーパーバイザー・早坂)と、仙台から情報発信しながら支援のしくみを全国に広げている。

らでぃっしゅぼーやは製品の小売りのほか、地元の顧客に向けの活動も行っている。荒浜での種まきや収穫に仙台市内の同社の利用客を招待、小さな子どものいるファミリー中心に数組が参加した。「子どもを連れてきたいとか、収穫したいとかではなく、どんなかたちでもいいから協力したい、という方がほとんどです。市内で大きな被害はなくても、電気がずっと使えないとか、1週間お風呂に入れなかったといったことはみんな経験されているので」(同社東日本支社東北センターセンター長・田中崇司)と、近隣住民の共感も呼んでいることがうかがえる。

プロジェクトの立ち上がりこそ東京や大阪など被災地外からの提案がきっかけだったが、活動が続くにつれ地域の活動として根付き、ひろがりをみせている。

人のひろがり

綿栽培には、チーム外からも多くの人が参加して種まきや草取り、収穫などの作業を手伝っている。被災地ボランティアのひとつとして参加した人、ニュースなどを見て興味を持ってやってきた人、生産農家との交流から始まったつながりなど、2年、3年を経てますます増えている。復興支援といった大きな使命感ではなくても、「農家さんに会いたい」「綿花を見たい」という個人的な動機やつながりが、新しい交流を生んでいる。

何もかも流され、ゼロからのスタートだった荒浜では当初、宮城野区岡田地区の「津波復興支援センター」にボランティアの支援を要請していた。ボランティアの派遣先のひとつとして荒浜にやってきて、そのまま継続して綿花やほかの農作業の手伝いを続けているメンバーがいる。宮城県在住だが被災を免れた高橋純子は、だからこそ何かしたいとの思いからボランティアセンターに通い始め、そこで出会った綿花に惹かれたひとりである。

「自分が着ている身近なものが、こんなものからできていると思ったら感動してしまって。これは最初から見てみたいな、と思ったんです」と話す。その後定期的に綿花畑に通うようになり、現在では荒浜のほか東松島の作業も手伝うようになった。岡田の

センターがきっかけとなり、長く関わりを続けているメンバーには、震災直後より横浜市から仙台市内に住居を構えてボランティアを続けている内野隆雄、仮設住宅のクリスマス会の企画から始まり、農作業の手伝い、荒浜アグリパートナーズの事業のサポートまでおこなうようになった吉川弘胤などがいる。雑草が猛威を振るった夏の間中毎日草取りを行っていたという内野は、「ボランティアだからできる。被災地の原状況を見ているので無理もできる」と言う。吉川は生産者とボランティアをつないで荒浜の復興を応援するしくみづくりを始めようとしている。協力なサポーターが、荒浜の綿花栽培を支えている。

種まきや草取り、収穫など大きなイベントのときは、プロジェクト企業のスタッフのほか、地元在住のボランティアの人たちの参加が増えてきた。仙台市の社会福祉協議会ボランティアセンターに登録していて、草取りのボランティアを知ったという人に話を聞くと「前にも参加したことがあって、またぜひ来たかった」「ソーシャルビジネスとして興味がある」「被災地からどんな人たちに届き、どのように売れていくのか、ものの流通や流れにも関心がある」など、目的意識を持っての参加が少なくない。

活動を知って、研修や授業の一環として参加する団体も増えてきた。東京の武蔵野大学は、キャリアデザイン教育としてボランティアやインターンシップの夏期フィールドワークをおこなっており、そのなかの東日本大震災復興支援のボランティア活動

岡田地区を中心として継続した活動をするボランティアたち

炎天下での草むしり作業に集うボランティア。雑草は綿花の背丈をゆうに超える

のコースで、荒浜での草取りや農作業に参加。夏休みを通して学生と引率の教員が多数訪れて作業した。青年海外協力協会（ＪＯＣＡ）を通じた長期の被災地視察プログラム[＊3]で来日したＡＳＥＡＮ諸国の若者たちも荒浜を訪れた。各地で現場レベルの復興を視察する中で、講演で綿花栽培の話を知って荒浜の収穫祭で作業をおこない、イベントでコーラスを披露した。前述したとおり、東松島にはボランティアツアーとして多くの学校、企業が訪れている。震災から3年が過ぎ、復興支援活動への興味が薄れているなか、ここでは継続的に関心が寄せられている。

キダじいと綿花

荒浜のボランティアの窓口になっているのは、貴田勝彦である。「キダじい」の愛称がすっかり定着し、子どもたちや学生、大人からも慕われ、常に人が回りにいる。荒浜に多くの人が訪れるようになったのは、「キダじい」の力が少なくない。

貴田は荒浜に住み、家を失ったひとりではあるが、荒浜を襲った津波の現場には居合わせなかった。元々東北大学歯学部で技術者として働いており、当日も勤務先にいたためである。家族は無事だったが、ペットが犠牲になり、多くの友人を失くした。

＊3 被災地視察プログラム
東日本大震災で日本が受けた被害と再生に関する、諸外国の正確な理解増進を目的として、日本政府により進められた事業「アジア大洋州地域及び北米地域との青少年交流（キズナ強化プロジェクト）」
http://sv2.jice.org/kizuna/

「もし荒浜にいたら、少しでも助けられたかもしれないと思い、それがずっと心残りで」と話す貴田は、避難所の世話役や仮設住宅の役員の仕事を進んで引き受けている。「キダじい」の愛称は、七郷小学校に避難していたときに出会った、荒浜小学校の子どもたちが呼び始めたのだという。

「その子たちが先日卒業式だったので、何をおいても出席したくて」と駆けつけた。何かにつけそんな心配りをする貴田は、ボランティアとも信頼関係を築き、継続的に通ってくるグループがいくつもできている。

2013年、荒浜と東松島の収穫祭で「糸紡ぎ体験コーナー」を企画した、東京の石川紗織、高橋みづきらのグループもそのひとつだ。被災地ボランティアで知り合い、週末に一緒に東北に通うようになった仲間たちである。東北コットンの活動を知ると、頻繁に畑の作業に加わるようになった。糸紡ぎは、「今年は綿が開いた状態での収穫があまり見込めず、綿を触るイベントでもできれば」という声を聞き、綿から糸になる過程を伝えるのは面白いと思って自分たちで企画した。畑で一緒に作業をしていたボランティア仲間のうち、糸紡ぎの経験がある、手先が器用、イラストが描ける、などの特技のあるメンバーを中心に、コットンを応援したいメンバーが協力しておこなった。当日は、紡いだ綿をモールに巻き付けて小さなクリスマスリースを作るワークショップをおこない、地元の子どもたちやお年寄りが大勢集まるコーナーになって

キダじいこと貴田勝彦

いた。

ボランティアの立場ながら荒浜に深く関わっていることについて本人たちは、

「単純に作業が楽しいという部分もありますが、これからのことを考えながら自分たちの得意なことを生かした協力ができればと思って関わっていきます」（石川）

「復旧作業は終わりがあるけど、コットンはこれからも続いていきますよね。復興支援に長く関わっていきたいから、応援したいんです」（高橋）

と話す。雑草の猛威に苦しめられた初夏、毎週のように草取りに通い、貴田から「綿花応援隊長」と呼ばれ頼りにされている石川は、現場を見続けているだけに荒浜の綿花に対して思いも強い。「ボランティアを有効に生かせるお手伝いができれば」と問題意識を持ちながら積極的な関わりを考えている。

子ども／学校への広がり

綿花栽培は、地域の学校や子どもたちとの交流を数多く生んでいる。草取りや収穫に一時的に参加するだけにとどまらず、継続的に交流を続け学習に生かす学校が増え続けている。

ボランティア有志が企画した糸紡ぎ体験会は、地元の人々に大人気だった

〈クラス全員での「一人一鉢プロジェクト」宮城県農業高校〉

宮城県農業高等学校、通称「宮農」は本格的に綿花栽培に取り組み、プロジェクトチームにも加入している。2012年、プロジェクトを知った教員・阿部由が自分のクラス全員で綿花を育てようと提案したことから始まった。

宮農は、明治時代に農学校として設立した由緒ある学校である。1977年から名取市広浦に校舎があり、津波の壊滅的な被害を受けた。校舎の1階まで津波に飲み込まれ、学校で被災した約200名は校舎に一昼夜取り残された。生徒のほとんどがなんらかの被災をし、学校が再開した5月には「今はとにかく生きよう、ということしか言えませんでした」と阿部は話す。学校には全国から多くの支援や励ましがあり、それに報いるためにも普段の生活を一生懸命頑張ろう、と話していたという。被災者として支援される立場だが、できることを地域の方に貢献することでそれを学んでほしいという思いから、「豊かさとは何かをどれだけ得るのではなく、どれだけ与えられるかで決まる」というクラス目標を掲げていた。今は内陸部にある宮城県農業大学校の敷地内の仮設校舎に移転しているが、元の広浦校舎に近い名取での綿花栽培のことを聞きすぐに参加を決め、受け持っているクラス、3年2組全員で栽培することになった。この学年は、解体される元の校舎に通い、学校で震災を経験した最後の学年である。

綿花栽培は「一人一鉢プロジェクト」として、全員が一本ずつ綿を育てた。荒浜、名取圃場の条件に近づけるために、元の校舎で被災した土を持ってきて、ポットに種をまき、肥料の袋を利用して苗を植え付けた。栽培の様子やプロジェクト事務局からのメール、ボランティアの募集など、生徒たちが模造紙に貼って教室に掲示、東京でおこなわれた製品発表イベントでは生徒がモデルとして登場するなど、年間をとおして取り組んだ。この活動は学校全体にも広がり、荒浜の種まきや草取り、名取の収穫祭での「復興太鼓」の演奏など学年を超えて関わりが増えた。

宮農での栽培は順調で、12月には約2キロを収穫。生徒が東京の事務局を訪れ、綿花贈呈式をおこなった。贈られた目録には、綿花のほかに「三年二組三十四名の思いと願い」と記されていた。

「活動に取り組んで、『豊かさは与えること』というクラス目標に少し近づけたかな、と思います」

「コットンが消費者にどうやって届いているのかわかって、勉強になりました」

「余った種をもらって家で育ててみました。学校では全部用意されていたけれど、一から自分でやらなければならず、自分の知らないところで他の人が協力してくれてるんだな、と実感しました」

名取収穫祭にて、校長の率いる復興太鼓を披露

宮城県農業高校の仮設校舎入口近くで綿花栽培がおこなわれた

「いろいろな人と出会い、貴重な経験ができました。これを社会で生かしていきたいと思います」

贈呈式に参加した生徒全員がそれぞれ自分のことばで感想を語り、彼らが得たものの大きさが伝わってきた。

宮農の取組みは、この学年が卒業したあとも続いている。2013年度は、阿部が授業を持つ農業園芸科の1年生3クラス120人が、空いている田んぼの一部で栽培をした。収穫した綿は、前年度はプロジェクトに贈呈という形にしたが「もう少し先のことをしたい」と、この年は綿から糸にするまでを自分たちの手で行った。綿に関する書籍を参考に、綿から種をとり、綿打ちのための弓を作り、綿の繊維をほぐした。弓は実習助手が山から竹を切り、釣り糸を張って自作したものである。その後糸紡ぎの道具を割り箸、段ボール、ストローを使って作り、手で紡いだ。段ボールにまきつけた糸を、玉ねぎの皮で染色するまでを学校で行った。ただ糸にするのは予想以上に難しく「そこまでで終わってしまったのは課題」と阿部は話す。

「プロジェクトの中で唯一学校として参加しているので、コットンを含め将来の農業を支える若い子どもたちに、プロの糸づくりや流通などを参加している会社の方々に協力をいただいて見せてもらったり教えてもらう機会が作れればと思います」と、この取組みを教育に生かすことに期待を寄せている。

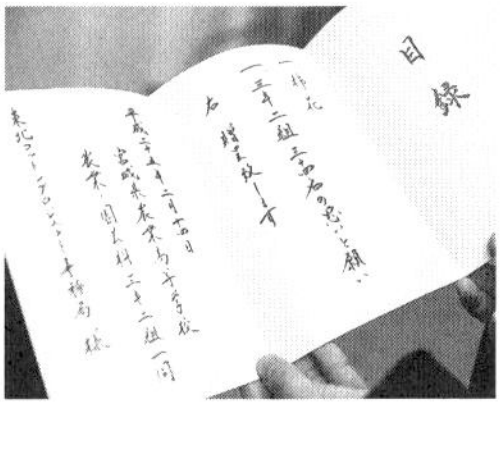

綿花贈呈式でプロジェクトに渡された、「思いと願い」の目録

このプロジェクトに参加していることが知られるようになり、各地の学校とのつながりができているという。「伯州綿」という和綿の産地、鳥取県境港にある県立境高校からはPTAを通じて「ぜひ伯州綿をこちらで育ててほしい」と綿の種が贈られた。種の入った袋ひとつひとつにメッセージが書かれ、綿での交流を希望しているという。福島県の農業高校からも、一緒にやりませんかと誘いの電話が来たばかりという。

「今農業教育では、1次産業だけでなく、6次産業が求められています。作って売るのが今まででしたが、作ったものを製造加工したりして付加価値をつけて売るというのがこれから。民間の方にノウハウを教えてもらったり現場を見学したり、そういうことが必要になってきています」（阿部）

農業高校がめざすことと、このプロジェクトは同じ方向といえる。一緒に生み出せるものが多々ありそうである。

〈地域に広がる「南小泉小スマイルコットンプロジェクト」仙台市立南小泉小学校〉

荒浜では、仙台市内の小中学校との関わりが深い。活動が始まった頃から、同じ地区の荒浜小学校とは交流を続けている。震災時に住民の避難の場所となり多くの命を

綿打ち、手紡ぎ、染色まで自分たちの手で作った糸

救った荒浜小は、現在は校舎だけが残り、学校活動は東宮城野小学校で行っている。震災当時の3年生と交流し、草取りにやって来たり、収穫祭のポスターを描いたりと活動していた。ただ、

「今年5年生になったけど、3人になってしまった。全学年で20人くらいしかいないんですよ。あらたに入学してくる子も少ないので」（松木）というように、全住民が地区を離れた荒浜では、学区の小学校に通う子どもの数も減っている。

しかし、荒浜の綿花栽培は多くの学校に注目されている。仙台市の中でも大きな被害を受けた地域での取組みであることから、内陸部の学校が震災を学習するために交流を始めるというケースが多い。

なかでももっとも大きな活動になっているのが、仙台市立南小泉小学校だ。震災の年、荒浜の住民の多くが入居するJR南小泉仮設住宅に、南小泉小の当時3年生が毛糸で作った「エコたわし」をプレゼントしたことから交流が始まった。そのお返しにと、今度は仮設住宅の人々が折り紙細工の「復興ふうせん」を新4年生全員90名以上に贈呈。その際、あいさつをした松木弘治が綿花栽培で荒浜の農地を再生する取組みについて話し、「ちょっとだけ力を貸してください」と綿の種を配った。そこから「南小泉小スマイルコットンプロジェクト」が始まった。

学校側も、学年担当、地域連携担当、教頭がチームとなり、「総合的な学習の時間」

JR南小泉仮設住宅

と連携して学習の一環として本格的に取組む態勢を取っていた。綿づくりを呼びかけるプリントにテープで種を5粒ずつ貼り付け全校に配るほか、地域の施設や住民にも、綿を育ててもらうよう子どもたちがお願いに行ったという。荒浜の住民をゲストティーチャーに招いての「震災といのち」「東北コットンプロジェクトの取組」などの授業、一人一鉢綿を育てる栽培活動、荒浜の綿花畑の草取り、綿花贈呈式と年間を通して交流を続け、荒浜と南小泉小の関係は深まっていた。荒浜の生産者からは松木、貴田が参加、子どもたちから「松木さん」「キダじいさん」と呼ばれて親しまれ、強い絆が結ばれていった。

　プロジェクトは翌年も継続、4、5年生2学年で取組み、より大きな活動となった。綿花栽培は地域に広がり、東文化寿会、若林区中央市民センター、南小泉児童福祉協議会などでも行われ、ＰＴＡのバザーでは東北コットンのタオルや荒浜の新米を子どもたちによるジュニアボランティアが販売するなど、ひろがりを見せている。震災や地域についての学習も進み、学年末には「荒浜に今必要なこと」「愛宕堰・七郷堀の歴史」「田の役割～除塩」など深い内容の研究を発表した。収穫した綿花の贈呈式では、子どもたちひとりひとりが荒浜の生産者、仮設住宅の住民代表に声をかけながら綿花を手渡した。

「命の大切さを教えてくれたコットンプロジェクトに力を入れていきます」

南小泉小学校の「スマイルコットンプロジェクト」

綿花贈呈式では、子どもたちひとりずつから荒浜の生産者に綿花が手渡された

「荒浜の人たちのために役立ててください」
「キダじいさんたちの笑顔がみたいので、失敗してもがんばります」
「この会で綿を贈呈して、1分1秒でも早く復興できればいいと思います」

子どもたちの素直なことばに、荒浜の大人たちの涙はいつまでも止まらなかった。

活動に力を入れる同小教頭白井浩（当時）は、

「震災が忘れ去られて風化しているなか、コットンプロジェクトは震災のことを子どもと一緒に考えることができています。バザーでは売上が15万円あったのですが、やはりこうやって作られたんだ、こういう人たちが作ったものなんだ、ということを子どもたちがわかっていたからだと思います。金額だけではないけれど、そういうところに思いは出てくるし、受け継がれていくと思うのです」と話す。学校の中には、当初思い描いた以上の作用が生まれている。

〈「被災地農家弟子入り体験」仙台市立南吉城中学校〉

南吉成中学校は、2012年に当時中学1年生が授業として参加してからほかの学年にも広がり、毎年草取りや収穫に大勢で訪れるようになった中学校である。仙台市西部の丘陵地の、宅地開発により生まれた地区にある開校22年の学校で、震災による被害は受けたものの、津波被害について知る機会はあまりなかったという。東部沿岸地域から赴任した教員が荒浜の種まきに参加したことなどをきっかけに、仙台市西部の子どもにも東部沿岸部の様子を知ってほしいとの思いから、「被災農家弟子入り体験」というプログラムが授業として組まれた。

この授業では弟子入り体験前に、荒浜で被災した渡邉静男による津波被害や防災をテーマにした講演を続けている。２０１２年7月の教育講演会「地震・津波の体験談と農業再生・復興への道のり」では、地震の後、家族や知人を避難させるために走ったこと、避難した荒浜小学校めがけて真っ黒い津波が押し寄せてきたこと、全員で校舎4階に避難、流されていく家や人を目の前にしてもどうすることもできなかったこと、自衛隊のヘリコプターが救助のために何度も往復したこと、翌日残った人たちが消防ホースにつかまりながら2時間かけて別の中学校に歩いて避難したことなどを、静かに伝えた。声を詰まらせながらの話を、生徒たちは身動きひとつすることなく聞いていた。

翌年は、避難場所となった荒浜小学校の校舎に入り、屋上に上がって実際に３２０名が避難した状況を話した。建物が流され土台だけ残った土地、津波が超えたという12メートルの高さの松の木、１３０キロ先で津波が発生したという海、それらを目の当たりにしながら、とにかく地震が来たら一刻も早く逃げる、危険に遭っ

講演で被災時の様子を語る渡邉

「被災農家弟子入り体験」授業の一環で農作業を行う南吉成中学校

BUCKLE
CONTAINER

たときには協力、協調性が大事、など被災の当事者として防災を語った。

綿花畑では、夏に草取りを行い、秋に綿を収穫し、収穫祭では毎年参加生徒が全員で合唱を披露している。引率の教員や保護者は「復興や防災についての意識を持って、少しずつ変わる姿が見られればいいですが」「南吉成はあまり被害がなく、正直温度差がある。こういうところにきて温度差を少し縮める機会になれば」と話していたが、この荒浜との交流のほか、学区地域でのごみ拾い、仙台七夕会場でのごみ回収などを続け、これらの奉仕体験活動などにより「ボランティア・スピリット賞」*4で表彰された。荒浜との交流も3年目に入り、２０１４年には3学年全員での参加を予定している。

〈小学校の教材に「希望の花　綿花〜荒浜の復興へ〜」〉

地域の学校との交流が次々広がり、教育現場での関心の高さを表しているが、教材としても扱われることになった。荒浜の綿花栽培について描いた「希望の花　綿花〜荒浜の復興へ〜」が、小学校の道徳副読本*5に掲載される予定だ。執筆したのは、仙台市立愛子《あやし》小学校教諭、熊谷敬子である。熊谷は学校で、当時6年生の児童の発表から、荒浜の綿花栽培のことを知った。発表したのは、荒浜の渡邉静男の親戚の子どもだった。

＊4 「ボランティア・スピリット賞」
国際的な青少年のボランティア表彰プログラム「ボランティア・スピリット賞」。南吉成中学校は第16回、17回2年連続して北海道・東北ブロックのコミュニティ賞を受賞した。
http://www.vspirit.jp/index_pc.html

「仙台の子どもたちには被害の少ない地域の子たちもいます。その子たちに『立ち上がろう』とする仙台の人たちがいることを伝えたかった」という熊谷は、渡邉に取材し、原稿を書いた。荒浜の津波被害、全てを失った被災者の悲しみ、農地の再生のために立ち上がり、困難を乗り越えながら復興へ向けて進んでいる姿が、綿花をとおして子どもにもわかりやすく描かれている。

被災農家支援として始まったプロジェクトは、震災教育の題材として根付きつつある。「どんな思いで復興しようとしているのかを伝えたい」（熊谷）というように、地域の子どもたちは、綿花栽培を通して「復興」を学んでいる。プロジェクトの責任は重く、だが大きな意義を持っている。

＊5
小学校の道徳副読本
平成27年度　光村図書出版
道徳副読本「きみがいちばんひかるとき」仙台版5年

コットンから考える

プロジェクトは、復興支援やビジネスだけではなく、生活や社会そのものを見直し、将来を見据えた活動につながろうとしている。この活動をとおして見えてきた、綿花という植物、日本のものづくり、オーガニックやエシカルの視点などは、これからの社会に向けて取り組むべき課題でもある。

綿花栽培を通じて、多くの人が服の素材としてしか意識していなかったコットンを、作物として知るきっかけとなった。アパレル業界にいても「誰がどうやって綿を作り、糸にして、どうやって縫っているのか」といったことに関心が薄いと、リー・ジャパン、細川は指摘する。

「東北コットンに参加するということは、自ら畑に入って、綿に実際にさわるということ。それがどうやってものになっていくんだろうと、ものの生産のプロセスに興味を持ついいきっかけだと思う」というように、チームメンバーのアパレル企業からは、社員が農作業に参加することでの意識が変わった、という声を多く聞いた。

すでに述べたとおり、国内で綿花栽培を復活させる動きが徐々に増え、現在は国内

70ヶ所ほどで栽培が確認されている。大正紡績・近藤や、タビオ・越智が中心となって始めた全国コットンサミットでは、国内の綿花栽培者の横のつながりが生まれている。近藤は、東北コットンプロジェクト以外にも震災後に東北各地で始まった綿花栽培の支援を行っている。天衣無縫・藤澤のもとへは、プロジェクトのことを知ったという島根県奥出雲町の料理家・中村成子から「オーガニックコットンを育てたい」という電話が入った。島根県は「環境を守る農業宣言」をするなど有機農業に力を入れており、オーガニックへの関心が高いという。その後、奥出雲グリーンファームさとう、えっちゃん農園、キコリカなど有機農業家らが藤澤と連携して栽培を開始、2013年には奥出雲オーガニックコットンの製品ができあがった

各地の綿花栽培はまだ小規模で、耕作放棄地や遊休土地の有効活用や地域おこしといった側面が中心である。だが、関わる人々が有機的につながり多方面に広がっていくことで、日本の綿花がひとつの産業となる可能性を語る関係者は少なくない。大正紡績・近藤は、

「TPP参加を迎え、多角的な農業が求められている。綿花は、今は輸入に頼っているが、明治、大正、昭和まで日本での栽培は大変隆盛だった。もしかしたら将来、再び自給自足できるようになるかもしれないし、農家の方の自立に役立つかもしれない」

と話す。

天衣無縫が協力している「奥出雲オーガニックコットン」

歴史を振り返り、日本の綿花の復活をめざすのはリー・ジャパン細川も同様である。前述したように「岡山県の児島地区で、埋め立て地に綿花を植えてから稲作に移行した」ということがプロジェクトのヒントになったが、その後児島では、綿を織った真田紐という特産品が生まれ、やがて学生服、ジーンズ生産へと発展した。1963年の自由貿易協定によりアメリカからデニム生地が輸入されると、児島地区の学生服を縫っていた工場でジーンズが製造されるようになった。60年代後半から日本の紡績会社が綿を輸入して国内でデニム生地を作り始め国内にジーンズメーカーができ、リーを擁するエドウィンも1969年に設立した。綿花を作っていた児島がジーンズの産地になり、それをヒントに再び日本で綿花を栽培してジーンズを作ったということで一本の線がつながったように感じるという。

「夢は東北コットン100パーセントでジーンズを作ること。ある程度の数を、全部日本の自給した綿で作るというのは、1960年代から始まった日本のジーンズの歴史でも初めてのことになる」

と、ジーンズの歴史に新たなトピックとなることを期待している。

綿花栽培とともに、日本の繊維産業の技術にも再び注目が集まるきっかけにもなっている。プロジェクトで製品を作ったアパレル企業からは、縫製、染色、加工など工程のすべてを国内でおこなったという声を多く聞いた。染色ならここ、プリントはあの工場、と全国各地に高い技術を持つ老舗の工場があるという。その技術は海外にも認められている。チームメンバー、興和・稲垣貢哉は、

「紡績、織布、編み立て、染色など技術は世界一です。たとえば、信じられないくらいきれいな色を出す能力や、世界最新鋭の機械でいい糸を作る技術などを持つ国もありますが、製品をリピート生産したときに同じように作れる能力、これは日本が絶対です」

と話す。日本で第一線を退いた中高年の縫製指導員が世界中に行って活躍し、外国からは日本の着こなしやショップレイアウトを見に来ている。いい原料を使って、安全なものを消費者に届けるということを続けていけば、日本の繊維産業は残れる、と話す。

稲垣は、オーガニックコットンを中心とした環境配慮型繊維の普及啓発を目的としているＮＰＯ、テキスタイルエクスチェンジ[*6]の理事をつとめ、東北コットンプロジェクトの情報を世界に向けて発信している。同ＮＰＯはパタゴニア、ナイキなどがオーガニックやサスティナブルな繊維を普及させようと作った団体で、現在世界約30ヶ国、３００社程の企業が参加している。国際会議のパネルディスカッションで東北コットンのプロモーションビデオを流した際には、

＊6 テキスタイルエクスチェンジ
Organic Exchange として２００２年に発足。農家、繊維業者、小売業者などと連携し、２００１年２億４０００万ドルだった世界のオーガニックコットン市場を２０１１年には60億ドル以上に成長させた（公式サイトより）。
http://textileexchange.org/

「非常に感動されました。『服を着ることが支援になる』というのが、とてもわかりやすいメッセージだったんですね。『欲しい』『使いたい』と多くの方に言われました」という。２０１２年には、テキスタイルエクスチェンジが販売するカレンダーに東北コットンの紹介と写真が掲載され、海外でもインパクトがあるプロジェクトであることがうかがえる。稲垣は「今はまだ数百キログラムしかとれておらず売ることはできないけれど、いつでも来てほしい、もう一度農業を再生しようとしているところをぜひ見てほしい、と彼らに伝えている」と話す。東北の綿花を通じて、世界から日本のファッション、ものづくりに関心が寄せられている。

プロジェクトメンバーには、オーガニックコットンを扱う企業が多く、その考え方が通底している。東北コットン以外でもさまざまなつながりを持ち、日本独自のよさを打ち出すオーガニックの勉強会、エシカルの観点でコットンと児童労働問題をとりあげるイベントなど、多様な取組みを行っている。このオーガニックの視点は、農業、ファッションほかさまざまな社会問題にもリンクし、世界的な潮流にものりやすい。ただし東北コットンは、一部有機栽培で育てているが、厳密な意味でオーガニックコットンということはできない。綿花そのものが国内農産物のオーガニック認証基準である有機ＪＡＳ法の対象作物になっていないためである。しかし、オーガニックコッ

興和の稲垣が参加する「テキスタイルエクスチェンジ」

トンのビジネスを続ける天衣無縫・藤澤は、

「オーガニックは、作るプロセスでの相互関係が大事。海外で安く生産し買いたたくというやり方をせずに、農家さんと繊維企業がお互いにに顔の見える関係で、いいものを作り、それをお客様に理解して買っていただく、そういう公正で透明性の高いビジネスを作り出せればいい」と話す。

自然環境に配慮し、生産者との信頼関係をベースに、まずは破壊された農地を回復するということを優先して、「人と自然が共生する」という観点から取り組んでいくことが重要、という。

興和・稲垣も、オーガニックコットンは「背景にあるもの」で、フェアトレードで不公正な取引はしない、奴隷や児童労働は使わない、安心して作業できる環境にする、ということを海外から学んだという。

「だから、僕らが関わっている仕事もこの東北コットンも、実はずっと同じことをやっている。それがやっと世の中に認められてきたという感じです」

と話す。

日本で綿を栽培することについて、大正紡績・近藤はこう語る。

「世界では年間8000万トンの繊維が消費されているが、コットンは30パーセント。50パーセントがポリエステルやナイロンなど石油から作られる化学繊維だが、石油はあと50年くらいすると枯渇してしまう。国連環境計画でも天然繊維に戻そうという動きがある」

現在国内自給率ゼロの綿花は、地球規模で見れば需要が高まる可能性もある。被災農地の再生を目的に、農商工交えての6次産業化が始まり、さらに綿花という日本から一旦途絶えた作物を復活することで見えてきた、繊維産業の歴史や現状、そして地球環境、これからの生き方。東北にまいた綿の種は、プロジェクトで完結するのではなく、わたしたちのくらしを変える、ひとつのきっかけになったのかもしれない。

参考資料

武部善人『綿と木綿の歴史』御茶の水書房　１９８９
田村均『ファッションの社会経済史　在来織物業の技術革新と流行市場』日本経済評論社　２００４
S・D・チャップマン『産業革命のなかの綿工業』佐村明知訳　晃洋書房　１９９０
エリック・オルセナ『コットンをめぐる世界の旅　綿と人類の温かな関係、冷酷なグローバル経済』吉田恒雄訳　作品社　２０１２
ピエトラ・リボリ『あなたのTシャツはどこから来たのか？　誰も書かなかったグローバリゼーション』東洋経済新報社　２００６
中谷比佐子『きものという農業ー大地からきものを作る人たち』三五館　２００７
ひびあきら『ワタの絵本』農山漁村文化協会１９９８
大野泰雄『はじめての綿づくり』木魂社２００５
生源寺眞一『日本農業の真実』筑摩書房　２０１１
進昌三、吉岡三平『岡山の干拓』日本文教出版１９７４
『東日本大震災　仙台市　震災記録誌～発災から1年間の活動記録～』仙台市　２０１３
『繊維産業の現状及び今後の展開について』経済産業省　２０１３
『広陵町の靴下百年史』広陵町靴下組合　２０１３
『岡山県の繊維産業』岡山県　２０１１

巻末資料

❶

「東北コットンプロジェクト」について

http://www.tohokucotton.com/

【「東北コットンプロジェクト」とは】

津波により稲作が困難になった農地で綿（コットン）を栽培、さらに紡績、商品化、販売までを一貫して行うプロジェクトです。長期視点で被災地の復興を考える農家と企業が集まり、農業を基盤とした東北の新たな農産業の確立を目指しています。

[栽培を開始した理由]

稲作地帯であった荒浜地区・名取地区は、東日本大震災により用水路・排水路や排水ポンプ等、稲作に必要な全てのインフラ（またはその一部）が破壊されたの に加え、津波が農地を浸水し土の塩分濃度が上がったため、現在、米の栽培ができなくなっています。一般的な塩害対策として、政府の支援のもと農地に真水を注入し代掻きを行い、土壌中の塩分を水に溶かして排水する作業が進行中ですが、荒浜地区・名取地区は排水施設が破壊されているため、この塩害対策も実施できないところがほとんどです。私たちはこのような被災農地の状況の中、震災復興、農業再生という目標に向かい、耐塩性の高い「コットン」を栽培し、農業を 再開すること、さらには、仕事を失っていた農家の離農予防や雇用創出等を行いたいと考えています。すでに数件の被災農家がコットンの栽培へと動き出されて います。また、多数のアパレル関連企業の皆様に、本業を通じて復興支援につながる本プロジェクトへ賛同していただき、コットンを使った製品の製造・販売活動へも動き始めています。

【活動方針】

東北コットンプロジェクトは、被災農家からアパレル企業までがTEAMとなって、原料になるコットンの栽培から製品の販売までを行い、「東北コットンプロジェクト」ブランド商品をあなたへお届けしていきます。あなたには、商品を買っていただくことで、プロジェクトTEAMの一員となっていただき、東北の被災農家への支援に協力していただきたいと思います。

【活動内容】

1／「綿」への転作支援　～津波被害をうけた農地の再生～
2／新しい雇用の創出と地域復興　～安定した農産業による雇用の確保～
3／アパレル事業の創造　～農業→紡績→商品化→販売を一貫する事業開発～

1／「綿」への転作支援 ＝農業再生

津波被害をうけ稲作ができない農地を、自然に強い「綿」で再生する。
日本国内で商業的なコットン栽培は行われておらず、栽培技術や栽培インフラがきわめて不十分です。このためプロジェクトTEAMでは以下の活動を行っています。

・種の提供
・コットン栽培の技術指導
・種まき、草取り、収穫時に必要な人的援助
・綿に使用できる除草剤、殺虫剤の農薬登録拡大・新規登録
・ジニング行程の支援（収穫時にワタと種を取り分ける行程）など

2・3／綿をつくることは、未来をつくること。

新事業を創造する ～農業→紡績→商品化→販売を一貫するアパレル事業の開発～
被災農家がコットンで収入を得られること、すなわち農産業として確立することが最も大切なことの一つです。このため、プロジェクトTEAMでは以下活動を行っています。

・収穫したコットンの全量買い取り
・収穫したコットンを市場価格より高く買い取る（2011年）
・行政への農産業化に向けた協力支援依頼
・コットンのワタ以外での収益モデルの検討（製紙、精油など）

また、買い取ったコットンが魅力ある「東北コットンプロジェクト」商品として、多くの「あなた」に継続的にお届けできることも大切です。このため、プロジェクトTEAMでは以下活動を行っています。

・東北コットンを使った商品の企画、製造、販売
・東北コットンプロジェクトを多くの人に知ってもらうための広報活動
・原料から製糸、製造、販売まで一貫した「東北コットンプロジェクト」 ブランドの構築

❷ 東北コットンプロジェクト年譜

	出来事	加入団体・企業
2011年 3/11	東日本大震災発生	仙台東部地域綿の花生産組合（荒浜アグリパートナーズ）／イーストファームみやぎ／耕谷アグリサービス／全農／全国コットンサミット／大正紡績／Tabio／Lee／URBAN RESEARCH／UNITED ARROWS green label relaxing（以上発起人）／PRE ORGANIC COTTON PROGRAM／kurkku
3月下旬	UA、クルック、アーバンリサーチ、リー・ジャパンにより復興支援についての勉強会開始	
4月上旬	JR西日本・大畠がタビオ越智を訪問、水害にあった土地に綿花を植えて繊維産業が盛んになった児島の話を披露 タビオ・島田が綿の種を持ち東北訪問 大正紡績・近藤　仙台訪問　塩分率を計測	
5月初旬	タビオ・島田、名取市・耕谷アグリサービス訪問	
5/10	「コットンCSRサミット2011」開催　大正紡績近藤より「綿花で東北を救おう」との提案	
5/11	近藤、細川、江良等が全農・小里を訪問	
5月中旬	江良、沼田、細川らがグッドデザインカンパニー・水野を訪問、「東北コットンプロジェクト」の名称決定	
5/21	「全国コットンサミットin岸和田」開催	
5/27	名取　1回目種まき（耕谷アグリ・タビオスタッフ）	
5/28	江良、全農小里、イーストファームみやぎ・赤坂訪問。東松島視察	
6/7	仙台東部地域綿の花生産組合発足（赤坂芳則、渡邉静男、今野栄作、松木弘治、郡山守）	

6/11	荒浜	ゴミ撤去作業、排水対策作業
6/2〜13	荒浜	整地作業、肥料散布作業
6/18	荒浜	耕耘・砕土作業
6/17	名取	2回目種まき　合計40アール
6/18	荒浜	種蒔き（参加約50名）1・2ヘクタール
6/25	荒浜	佐藤善則、佐藤正己　生産組合加入
7/9	荒浜	間引き・草取り作業
7/13		仙台東部地域綿の花生産組合と大正紡績との栽培協定調印
7/14		18団体で「東北コットンプロジェクト」発足
7/21		宮城県関係者綿花圃場土壌調査
8/6	荒浜	第2回草取り作業
8/26	荒浜	UIゼンセン同盟草取り作業
9/2	荒浜	ワタの花見会（参加約100名）
9/21	荒浜	台風15号により4日間圃場が冠水
10/17	荒浜	全農、農薬会社による圃場調査
10/18	名取	開花
10/19		第1回総会開催（東京・参加70名）　プロジェクトの規約、初年度のものづくり方針等を議論。参加41団体
11/6	名取	綿摘み開始式
11/9		東北大学物理学科に放射能検査を依頼、土壌採取（名取圃場）
11/19		仮設住宅訪問、荒浜収穫祭案内
11/25		経済産業省　現地視察／東北大学物理学科　第1回土壌測定結果報告
11/26	荒浜	秋のワタ見会
12/25	荒浜	綿花乾燥のためのビニールハウス建設、綿摘み作業

FRAMeWORK／LOWRYS FARM／plumpynuts／caqu／CIAOPANIC TYPY／REBIRTH PROJECT／Cher（2013.1退会）／good design company／EVOWORX／中野幸英／POOL

日本航空

天衣無縫／無印良品／高島屋／らでぃっしゅぼーや／haco.／ステテコドットコム／そごう・西武（2013.4退会）／石崎商事／ap bank／H.I.S／伊藤忠商事／興和／UIゼンセン同盟（UAゼンセン）

タバブックス

Noritake（2014.3退会）／メイドインアース（2012.2退会）

アイトス／AZOTH／久米繊維工業／CIQUETO ikka／本気布（2013.4退会）／住友化学／豊島／キョードー東北

2012年

1/14 荒浜　綿の取り出し作業
チーム有志が東北大学物理学部原子核物理研究所を訪問、放射能検査の方法や理論の講義受講

1/15 放射能検査結果を公開

1/24 荒浜　貴田勝彦　生産組合加入

2/1 農水省「農商工連携事業補助金」決定

2/29 初年度収穫量　約70kg

3/1 「先端農商工連携実用化研究事業」補助金採択事業
商品系総会（東京）　プロジェクト目標、ビジネスモデル、収支報告、前年収穫分の商品企画

3/2 紡績見学会（大阪・大正紡績）　荒浜・名取生産者、チーム有志参加

3/5、26 農業系総会（仙台）

3/28 名取　セルトレイ播種（～4/17）

4/17 2011年度活動報告・2012年度活動計画記者発表会（東京・クルック）

4/26 宮城県庁　タペストリー贈呈式

5/8 名取　種まき（30人）　1ヘクタール

5/12 荒浜　種まき（300人）　7ヘクタール

5/26 荒浜　機械播種

6/4 宮城県農業高校播種

6/4～8 雑貨系商品内見会（横浜・天衣無縫）

6/5 デニム縫製工場見学（宮城・東北タクト）

6/12 荒浜　間引き（100人）

6/23 東北コットンランウェイ（東京ミッドタウン）　初年度製品：デニム、ポロシャツ、ストール、タオル

渡辺パイル織物株式会社／日本綿布／HUMAN WOMAN
高澤織物株式会社／サイボー株式会社／YUMA KOSHINO
VIS／ロペピクニック
JR西日本／For WORKERS
宮城県農業高等学校／メルローズクレール／ハクサン／東北楽天ゴールデンイーグルス

6/24 東北コットン販売イベント（エスパル仙台）

6/30 荒浜　4ヘクタール分で種をまき直し、草取り

7/9 荒浜　間引き／草取り（参加約40名）

7/18、26 荒浜　南吉成中学校「被災農家弟子入り体験」

8/19 apbank fes '12 Fund for Japanみちのく　トークショー&活動紹介展示（国営みちのく杜の湖畔公園）

9/15 荒浜　花見会兼草取り会

10/2 綿栽培に関する防除検討会

10/20 名取　収穫開始イベント

11/14 宮城県農林水産部より「ワタの栽培に係る注意喚起について」周知通達（遺伝子組み換え体でないことへの確認）

11/17 荒浜　綿の収穫祭

仙台東部地域綿の花生産組合を新たに株式会社荒浜アグリサービスとして運営開始

12/12 荒浜　綿花収穫作業

2012年度収穫量　約470kg

2013年

2/8 紡績見学会（大正紡績）

2/14 宮城県農業高校綿花贈呈式（東京・クルック）

2/26 農業系総会（宮城県農園研）　農薬（殺虫剤3剤、除草剤2剤）適用拡大

4月 2013年度栽培：荒浜2.2ヘクタール（荒浜アグリパートナーズ）、名取1ヘクタール（耕谷アグリパートナーズ）、東松島2ヘクタール（イーストファームみやぎ）

4/26〜27 東北コットンフェア2013（東京・日本橋高島屋）　2012年収穫の綿を使用した約30ブランドの製品を展示、販売

トクダ／viri-dari／WORK NOT WORK／little eagle／

宮城ケーブルテレビ

エスパル仙台

泉州タオル／Aya 綾

GIP

丸栄タオル

栄紙業株式会社

Chabi／正絹羽毛ふとん

5/18 荒浜　種まき
5/25 東松島　種まき
6月 東松島間引き、草取り
7月 荒浜　南吉成中学校ボランティア活動
8月 荒浜　武蔵野大学ボランティア活動
9/11〜16 「大東北展」（日本橋高島屋）で販売イベント、トークショー
11/16 東松島収穫祭
11/17 荒浜収穫祭
12/7 全国コットンサミットin広陵町（奈良県）

2014年

2/1 東松島、最終収穫
3/3 総会（東京・参加90名）　2013年度収穫量　約370kg
3/5〜11 日本橋高島屋復興イベント「明日へのエール」、トークショー
3/13 荒浜　南小泉小学校綿花贈呈式
3/25 ブランド化ブレスト会議
4/16 農業系総会

2014年度栽培：荒浜40ヘクタール＋ハウス45坪　名取1ヘクタール＋ハウス200坪、東松島2ヘクタール＋ハウス100坪

パックタケヤマ
東洋棉花株式会社／丸山タオル
カイタックファミリー／hiyuka／西染工／昭和西川
阿部蒲鉾店／ダイワロイヤル
Fukusuke／GLOBAL WORK／Social Imagine

❸ チーム紹介

（2014年4月現在）

綿生産

荒浜アグリパートナーズ
綿花栽培を担当

耕谷アグリサービス
綿花栽培を担当（発起人）
http://koya-agri.la.coocan.jp

イーストファームみやぎ
綿花栽培を担当（発起人）
http://www.eastfarm.co.jp/

宮城県農業高等学校
綿花栽培を支援
http://miyanou.myswan.ne.jp/

生産支援・調整

JA全農
（みのりみのるプロジェクト）
農作物として綿を生産するための
各種調整・栽培支援担当（発起人）
http://www.minoriminoru.jp/

全国コットンサミット
国内での綿花栽培の
経験をもとに、綿生産農家への
技術支援を担当（発起人）
http://cottonsummit.web.fc2.com/

Tabio
栽培支援担当（発起人）
http://www.tabio.com/jp/

東洋棉花株式会社
綿花種子の輸入、並びに
綿花栽培技術サポート
http://www.toyocotton.co.jp/

紡績

大正紡績
紡績担当（発起人）
http://www.taishoboseki.co.jp/

商品企画・製造・販売

アパレル関連商品の企画、
製造、販売等を担当

Lee
（発起人）
http://lee-japan.jp/

URBAN RESEARCH
（発起人）
http://www.urban-research.com/

UNITED ARROWS
green label relaxing
（発起人）
http://www.green-label-relaxing.jp/

PRE ORGANIC
COTTON PROGRAM
http://www.preorganic.com/

FRAMeWORK
http://frame-w.jp/

LOWRYS FARM
http://www.point.jp/lowrysfarm/

plumpynuts
http://www.plumpynuts.jp/

高澤織物株式会社
http://ww38.fumi-takasawa.com/company/english.html

サイボー株式会社
http://pbvsaibo.securesites.net/

ViS
http://www.visjp.com/

ロペピクニック
http://www.ropepicnic.com/

渡辺パイル織物株式会社
http://www.watanabe-pile.jp/

メルローズクレール
http://www.melrose.co.jp/claire/

東北楽天ゴールデンイーグルス
http://www.rakuteneagles.jp/

トクダ
http://www.tokuda-web.co.jp/

haco.
http://www.felissimo.co.jp/

ステテコドットコム
http://steteco.com/

アイトス
http://www.aitoz.co.jp/

AZOTH
http://www.azoth-net.jp/

久米繊維工業
http://kume.jp/

CIQUETO ｉｋｋａ
http://www.cox-online.co.jp/brand/ikka/

日本綿布
http://www.nihonmenpu.co.jp/

HUMAN WOMAN
http://www.humanwoman.net/

caqu
http://www.tandem-web.com/

CIAOPANIC TYPY
ahttp://www.ciaopanic-typy.com/

REBIRTH PROJECT
http://www.rebirth-project.jp/

日本航空
http://www.jal.co.jp/

天衣無縫
http://www.tenimuhou.jp/

らでぃっしゅぼーや
http://corporate.radishbo-ya.co.jp/index.html

無印良品
http://ryohin-keikaku.jp/

髙島屋
http://www.takashimaya.co.jp/

パックタケヤマ
コットンの茎を使った紙商品
の企画、製造、販売等を担当
http://www.p-takeyama.co.jp/

阿部蒲鉾店
コットンの茎を使った紙を
製品に利用
http://www.abekama.co.jp/

協賛

ap bank
主催イベントや web マガジン
等を通じた広報支援
http://www.apbank.jp/

H.I.S.
販売する航空券等の売上の
一部を支援協賛金として
東北コットンプロジェクトに拠出
http://www.his-j.com/

伊藤忠商事
ジニング（種取り）行程における
機器援助、技術援助
http://www.itochu.co.jp/ja/

興和
世界的エコ繊維普及・啓発 NPO
「Texitile Exchange」等にて
プロジェクトを世界に向け情報発信
http://www.kowa.co.jp/

昭和西川
http://www.showanishikawa.co.jp/

hiyuca
http://hiyuca.com/#id47

Fukuske
http://www.fukuske.com/

GLOBAL WORK
http://www.point.jp/globalwork/

socialimagine,Inc
http://socialimagine.wix.com/sist

商品企画 / 製造（アパレル以外）

石崎商事株式会社
コットンの茎を使った紙商品の
企画、製造、販売等を担当
http://www.ishizakicorp.co.jp/

栄紙業株式会社
コットンの茎を使った紙商品の
企画、製造、販売等を担当
http://www.sakaep.co.jp/

泉州タオル
http://www.senshu-towel.jp/

Aya綾 / AyaAya

Chabi
http://www.chabi-chabi.com/

丸栄タオル
http://www.maruei-towel.com/

正絹羽毛ふとん
http://www.shingu-business.
com/pc/

丸山タオル
http://maruyamatowel.co.jp/

西染工
http://www.nishisenkoh.com/

カイタックファミリー
http://www.caitac.co.jp/group/
caitac_f.html

good design company
東北コットンプロジェクトの
ロゴを制作。
アートディレクション担当
http://gooddesigncompany.com

EVOWORX
web サイトのデザイン、
制作を担当
http://www.evoworx.co.jp/

中野幸英
写真を担当
http://www.skylab.jp/

POOL
コピーライティング、並びに
全体ライティング監修
http://pool-inc.net/

タバブックス
ライティング担当
http://tababooks.com/

事務局

kurkku
事務局担当。
並びに商品の企画、
製造、販売等を担当（発起人）
http://www.kurkku.jp/

YUMA KOSHINO
プロジェクトの広報支援
http://www.yumakoshino.com/

ハクサン
圃場に植えた花の苗木と種の
協賛
http://www.hakusan1.co.jp/

エスパル仙台
ボランティアならびに
イベント支援
http://www.s-pal.jp/sendai/

宮城ケーブルテレビ
宮城県内への活動紹介と記録、
ボランティアの公募など
http://web.c-marinet.ne.jp/index.php

GIP
東北での広報活動支援
http://www.gip-web.co.jp/

ダイワロイヤル
イベント、ボランティア支援
http://www.daiwaroyal.com/

クリエイティブ

UA ゼンセン
草取りや収穫時に必要な
ボランティアスタッフの援助。
また収穫された綿花の
輸送トラックの援助。
http://www.uazensen.jp/top.php

住友化学
綿の病害虫や雑草防除の提案、
必要な農薬の登録取得
http://www.sumitomo-chem.co.jp/

豊島
支援金協賛、並びに綿花生産
機器の調達支援活動
http://www.toyoshima.co.jp/

キョードー東北
現地イベントの運営サポート
http://www.kyodo-tohoku.com/
main.php

JR 西日本
駅へのプロジェクトポスター
掲示などの広報支援
http://www.westjr.co.jp/

For WORKERS
イベント制作、運営の支援
http://for-workers.co.jp/

宮川真紀／文

編集者、出版者。出版社勤務、フリーランス編集者を経て2012年タバブックス設立。著書に『女と金』、編著に『リビドー・ガールズ』『お金に困らない人生設計』（共に神谷巻尾名義）など。「東北コットンプロジェクト」へは2011年9月より参加、継続して取材を行う。

中野幸英／写真

2005年より作品製作とフリーランスでの人物・商品・環境のコマーシャル撮影を行う。2007年「プレオーガニックコットンプログラム」にてインド現地栽培や紡績工程を撮影。2011年4月より ap bank Fund for Japan 災害派遣ボランティア等の活動を経て、「東北コットンプロジェクト」では同年6月の仙台荒浜の種まきよりチームへ参加し、生産者を含む参加各社へ写真を提供。

東北コットンプロジェクト

綿と 東北と わたしたちと

2014年6月25日 初版発行

文／宮川真紀
写真／中野幸英

装丁／グッドデザインカンパニー
本文デザイン／林あい（FOR）

発行／合同会社タバブックス
発行者／宮川真紀
東京都渋谷区渋谷1-17-1 〒150-0002
TEL 03-6796-2796 FAX 03-6736-0689
http://tababooks.com/
info@tababooks.com
印刷製本／藤原印刷株式会社

ISBN978-4-907053-03-1